中国引航文化品牌建设手册

中国引航协会　编著

图书在版编目（CIP）数据

中国引航文化品牌建设手册 / 中国引航协会编著
. -- 北京：人民交通出版社，2013.7
ISBN 978-7-114-10749-8

Ⅰ.①中… Ⅱ.①中… Ⅲ.①领航－文化－建设－中国－手册 Ⅳ.① F552.3-62

中国版本图书馆 CIP 数据核字 (2013) 第 145734 号

ZHONGGUO YINHANG WENHUA PINPAI JIANSHE SHOUCE

书　　名： **中国引航文化品牌建设手册**
著 作 者： 中国引航协会
责任编辑： 刘永芬
出版发行： 人民交通出版社
地　　址：（100011）北京市朝阳区安定门外外馆斜街 3 号
网　　址： http://www.ccpress.com.cn
销售电话：（010）59757973
总 经 销： 人民交通出版社发行部
经　　销： 各地新华书店
印　　刷： 小森印刷（北京）有限公司
开　　本： 720×960　1/16
印　　张： 10
字　　数： 125 千
版　　次： 2013 年 7 月　第 1 版
印　　次： 2013 年 7 月　第 1 次印刷
书　　号： ISBN 978-7-114-10749-8
定　　价： 80.00 元
（如有印刷、装订质量问题的图书由本社负责调换）

《中国引航文化品牌建设手册》编写领导小组

顾　　问： 朱永光　柯林春

组　　长： 彭翠红

副 组 长： 盛树东　陈治政　沈祥法　叶　平　陈　磊

《中国引航文化品牌建设手册》主要编写人员

编　　审： 高强华

主　　编： 彭翠红

执行主编： 陈治政

副 主 编： 沈祥法　邵明福　陈　磊　鲍冯军　陈　丝

编写人员： 唐建新　孙梦丹　江　炜　王朝华　王　穆
王　强　姚元卫　鲁振涛　朱小浩

编　　辑： 董　杰　纪　欣

美术设计： 叶　俊

作为“流动国土”的船舶，看到的第一个行使国家主权又能够提供高质量技术服务的中国人就是引航员。

—— 一位老船长的话

引航是港口生产的一个重要环节，是一个极具风险而又极富挑战性的职业。船舶进出港口、靠离码头是船舶航行中风险最大的一段航程。港区水域有限，船舶密度大，环境和水文条件复杂，一艘大船加上货物，涉及财产动辄数千万甚至数亿元，引航员要安全优质地引领船舶，必须具备很高的个人素质、丰富的驾驶经验和船舶操纵技能，不仅要熟知引航区内的各种航行条件和相关法规，还要具备流利的英语会话能力和较强的沟通协调能力。

作为“流动国土”的船舶来到中国港口，看到的第一位行使国家主权、又能够提供高质量技术服务的中国人，就是我们的引航员；当船舶完成了装卸货服务以后离港，最后送走这块“流动国土”的，也是我们的引航员。引航员的一言一行、一举一动都代表着中国人的形象，代表着中国人在维护和保障国家主权方面的一种敬业精神，体现出我国海运发展的综合管理素质。因此我们说，引航员是水上国门形象第一人。

新中国成立后，中国从一个落后的海运国家发展成为世界第一海运大国，中国引航员在维护航权、保障安全、提升港口服务能力、促进航海技术发展方面发挥了不可替代的作用。长期以来，全国引航员以“把世界引进中国，把中国引向世界”为已任，勇于担当、艰苦奋斗、不畏风险、开拓进取，以高超的技术赢得中外船长高度尊重，以优质服务赢得中外航运界高度信赖，用万船轨迹在共和国的旗帜上写下了中国引航员的风采。

中国引航协会成立以来，深入挖掘提炼中国引航的历史传统、思想理念、精神实质、风貌特征，深入持久地开展引航文化建设，努力提升引航员素质和品位，树立全新的引航队伍形象，摸索出一套成功的经验，形成有鲜明特色的引航文化，对凝聚人心、配合各引航机构促进引航安全和服务水平的提高起到了较好的作用。全国引航机构和职工自觉按照“第一人”的科学定位，重新审视并完善发展规划和人生目标，锐意进取，开拓创新，团结奋斗，努力打造中国引航品牌，全面推动中国引航事业发展。

“十二五”时期是我国航运发展的重要机遇期。内河水运发展已上升为国家战略；国家实施海洋经济发展战略，海洋运输成为海洋经济发展的重点。国民经济持续平稳较快发展，为我国水运需求提供了长期的支撑，我国正从航运大国走向航运强国。交通运输部全国引航工作会议明确指出：“到‘十二五’期末中国引航要建设成为全国交通运输系统的文明行业，涌现出一批姚泽炎式的先进典型，精心打造‘水上国门形象第一人’品牌”，“以更加安全、优质的引航服务，确立中国引航业在国际航运、港口物流发展和国际引航事务中的地位”。

为了实现这一奋斗目标，中国引航协会组织力量，总结引航文化建设成果，挖掘、提炼、吸纳、整合、升华，准确、系统地表达了引航行业基本价值理念，完善了引航职工行为文化、引航机构制度文化和物质文化建设规范，导入视觉识别系统，并制订了具体实施方案，完成了《中国引航文化品牌建设手册》的编制。这是“十二五”期间引航文化建设的纲领性文件，对于巩固引航体制改革成果，发展中国引航事业具有长远的指导意义。我们要坚持引航协会统筹协调、引航机构自主创建、主管部门加强领导的方针，明确责任、齐抓共管，让文化建设、行业管理相融共进，精心打造“水上国门形象第一人”品牌。

我们对中国引航发展充满期望！

交通运输部部长政策咨询小组成员　朱永光

二○一三年四月　北京

前言

为贯彻落实全国引航工作会议精神，精心打造”水上国门形象第一人”文化品牌，中国引航协会组织力量，总结引航文化建设成果，通过挖掘、提炼、吸纳、整合、升华，制订了引航行业核心价值体系、引航职工行为规范体系、文明引航机构建设基本标准和引航行业标识体系，制订了深化“水上国门形象第一人”文化品牌创建实施方案，并完成了《中国引航文化品牌建设手册》的编制，经第六次理事会审议批准，正式印发执行。这标志着全国引航文化建设进入全面创建“水上国门形象第一人”文化品牌的重要时期。

为什么要打造“水上国门形象第一人”文化品牌?

“水上国门形象第一人”文化品牌，是对引航行业的科学定位，它准确反映出引航员的职业特征，凝聚了引航行业的核心价值理念，具有较高的社会知名度和较强的导向性。建设水运强国需要建设高素质的引航员队伍，建设文化强国则需要“水上国门形象第一人”这个品牌。

第一，这是交通运输部为适应我国水运快速发展需要、培养高素质引航员队伍提出的重要要求。中国引航协会成立以来，交通运输部领导一直十分重视引航文化建设，多次明确指示要打造“水上国门形象第一人”品牌。新中国成立60周年前夕，徐祖远副部长发表了引航员是“水上国门形象第一人”的重要讲话，为中国引航事业作出了科学定位，在全国引航系统引起强烈反响。进入“十二五”前夕，根据时任国务院副总理张德江“在交通运输行业树立和宣传姚泽炎这个先进典型”的重要指示，交通运输部决定，“十二五”期间全国交通行业学习引航员姚泽炎，高度评价姚泽炎是“水上国门形象第一人”，并要求全国港航系统带头学习姚泽炎，努力培养姚泽炎式的优秀引航员队伍。不仅树起“水上国门形象第一人”的品牌，而且立出学习标杆。在改革开放后第一次全国引航工作会上，交通运输部更进一步明确提出，“到‘十二五’期末中国引航要成为全国交通运输系统的文明行业之一，涌现出一批姚泽炎式的先进典型，精心打造‘水上国门形象第一人’品牌”，“以更加安全、优质的引航服务，确立中国引航业在国际航运、港口物流发展和国际引航事务中的地位”。

第二，这是深化引航文化建设的必然要求。“十一五”期全国引航行业深入开展引航文化建设和文明创建工作，取得了丰硕成果，积累了一定的经验，形成了鲜明的行业文化特色。全国引航机构和引航职工自觉以“第一人”标准，审视发展规划和人生目标，把引航文化建设提到了一个新的高度。打造“水上国门形象第一人”文化品牌，成为全国引航职工的共识，争当“水上国门形象第一人”的热潮方兴未艾。但整体看发展水平不平衡，离交通运输部要求还有较大差距。“十二五”期是引航发展的重要时期，为适应水运事业发展的需要，引航文化建设要有所突破和创新。打造“水上国门形象第一人”品牌的过程，实际就是在“十一五”文化建设的基础上，总结、提炼、升华、普及的过程，其实质就是要统一行业规范，协调行业步伐，完善创建机制，形成合力，整体推进引航业的的文化建设、引航员的队伍建设和引航机构的现代化建设。

第三，这是为引航事业创造良好发展环境的客观需要。引航工作重要，但队伍小，人数少，高度分散，工作远离社会大众，社会知名度低，有关领导对引航了解较少。建设高素质的引航员队伍，需要各级政府和全社会的支持帮助。打造“水上国门形象第一人”文化品牌，能有效地向全社会宣传引航业的科学定位，展示和表明中国引航业的发展理念，塑造行业良好社会形象，提高社会对引航行业的认知程度，形成价值共识，有效化解发展风险和矛盾。

第四，这是建设文化强国的需要。文化是民族的血脉，是人民的精神家园。党的十八大进一步吹响了扎实推进社会主义文化强国建设。现在我国引航员年引中外船舶近 40 万艘次，每年要跟数以百万计的中外船员打交道，这是展示中国先进文化和软实力的一个重要窗口。因此，我们应以高度的文化自觉和文化自信，精心打造中国引航文化品牌，提升自身素养、能力和文化品位，展示美丽中国的良好形象。

引航文化规范体系的基本结构和编写原则

文化品牌建设重在建设，而建设需要蓝图。引航文化规范体系就是引航文化品牌建设的蓝图。整个体系包括五个部分，是一个有机联系的整体。其中，行业核心价值体系是“水上国门形象第一人”品牌的灵魂；引航职工行为规范是打造“水上国门形象第一人”品牌的关键；文明引航机构建设基本标准是打造“水上国门形象第一人”品牌的组织、制度和物质保障；引航行业标识体系是引航文化品牌必备的外部标识；“水上国门形象第一人”创建方案则是协调全国引航机构的行动计划和纲领。

为了精心打造引航文化建设规范体系，我们在编写中坚持了四条原则：

一是传承与创新相结合。中国引航业源远流长，历史传统深厚，近几年开展文化建设以来，更积累了丰富经验，涌现了以姚泽炎同志为代表的一大批层次较高的先进个人和单位，这是中国引航文化建设宝贵的文化资源。引航行业核心价值体系就是通过深入挖掘中国引航的历史传统、思想理念、精神实质、风貌特征，特别是从近几年全国引航机构创建的经验和文化用语中精选、提炼、并融入新的理念锤炼而成。

二是软件建设与硬件建设相结合。既注重核心价值理念的梳理提炼，同时也明确提出了引航职工的行为规范、引航机构建设的标准，并明确规定打造“水上国门形象第一人”文化品牌的总体目标任务、具体措施、完成时限，把核心理念贯穿于具体的建设目标、规范和基本标准之中，让品牌升华、文化落地。

三是先进性与现实性相结合。规范体系提出来的具体标准和规范，大多以先进单位和个人的实践为依据，并充分考虑到全国引航机构在地域、规模、发展方面存在的差异。既按照“水上国门形象第一人”的标准，高点定位，同时也充分考虑引航机构的现实可能性，确保行业稳健发展。

四是统一性与灵活性相结合。对于行业核心价值体系、引航职工行为规范体系、行业标识等共性，协会统一作出明确规范，以利形成合力，叫响“水上国门形象第一人”品牌。至于组织文化、制度文化和物质文化建设，全国引航机构千差万别，规范体系只是根据品牌建设的总体要求提出基本标准，由各引航机构在行业总体目标指导下，根据实际情况结合各地文明创建活动，自主开展独具特色、个性鲜明的文化建设。

统一认识，增强自信，齐心打造中国引航品牌

引航是一个以个人技术提供服务的行业，具有“单兵作战”、流动

分散的特点，因此加强行业文化建设是加强对引航行业和引航员队伍管理的有效途径。过去我们抓引航文化建设取得了很好的成绩，得到各级领导的肯定，今后应保持和发扬，把工作做得更好。编写引航文化规范体系，一是规范、指导全国引航机构开展文化建设，二是作为检查评估全国引航机构文化建设成果的依据，三是作为各地港口主管部门加强和改善对引航机构管理、支持引航机构建设的政策参考，共同打造中国引航品牌。

现在目标明确，蓝图已经绘好，希望大家都来重视和支持文化品牌建设，认真贯彻全国引航工作会议精神，深入学习交通运输部领导有关打造“水上国门形象第一人”的一系列指示精神，深刻认识创建中国引航品牌对建设现代中国引航事业、建设水运强国和文化强国的重要意义，增强品牌意识、责任意识、整体意识和细节意识，提高全体引航职工的自觉性和积极性，按照规范体系的要求，统一认识，统一步伐，齐心协力，凝神聚气，精心打造“水上国门形象第一人”品牌，争取把这一品牌打造成全国交通行业的优秀文化品牌，以不辜负交通运输部领导对我们的期望，不辜负时代赋予中国引航人的责任！

中国引航协会
二〇一三年四月

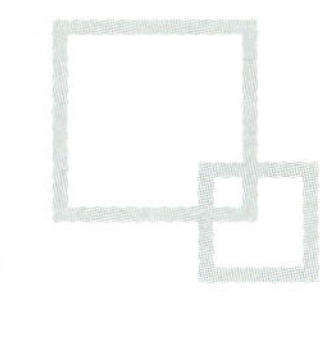

交通运输部领导关于创建引航文化品牌指示

我说过“引航员是水上国门形象第一人”，引航员职业特征，第一是涉外性，第二是专业性，第三是风险性。作为“流动国土”的船舶看到的第一个行使国家主权又能够提供高质量技术服务的中国人就是我们引航员，当船舶完成了装卸货服务以后离港，送走这块“流动国土”、最后离船的也是我们的引航员。所以引航员在船上工作期间，代表着我们引航队伍，我国海运发展的综合管理素质在他个人的引航技术活动里面体现出来。他的一言一行、一举一动都代表着我们中国人的形象，也代表着我们在维护和保障国家主权方面中国人的一种敬业精神，这样我就把他们形容为“水上国门形象第一人”。

徐祖远副部长接受凤凰卫视记者采访时的讲话
二○○九年九月二十五日

服务品牌需要文化内涵。在新时期，精神文化建设在交通运输行业发展中起到了重要作用。从改革开放初期到现在，引航精神在不断积淀总结，引航文化建设在不断深入，中国引航协会做了大量工作。新的历史时期，如何提升、凝聚和宣传劳模精神，让劳模精神在引航乃至交通行业永驻，不断传承下去，最终实现提升队伍素质，以适应新形势对引航队伍建设的要求，是文化建设必须考虑的问题。引航员队伍可以接触世界各个国家和地区的船舶，航运事业的发展对引航队伍的要求越来越高，因此要提高引航队伍素质，要加强体系标准化和制度化方面的建设。

部党组成员何建中在全国引航系统省部级以上劳模座谈会上的讲话
二〇一一年十月十八日

当前和今后一段时期，是引航全面发展的重要时期，全国引航工作要以科学发展观为指针，要进一步强化引航安全，加强基础设施建设，提高服务能力和水平，推进引航员队伍和文化建设，以更加安全、优质的引航服务，确立中国引航业在国际航运、港口物流发展和国际引航事务中的地位，到“十二五”期末中国引航要成为全国交通运输系统的文明行业之一，涌现出一批姚泽炎式的先进典型，精心打造“水上国门形象第一人”品牌。

全国引航机构和管理部门，要按照“十二五”期把引航行业建设成全国交通行业文明行业的目标，以中央十七届六中全会的精神为指导，坚持以行业核心价值体系为引导，坚持以人为本，坚持继承创新，坚持文化建设、行业管理相融共进、齐抓共管，坚持引航协会统筹协调，主管部门加强领导、引航机构自主创建的方针，明确责任，共同加强引航文化建设，打造“水上国门形象第一人”品牌。

希望各港口来一个大竞赛，比一比哪个港口的引航文化建设搞得好！哪一个港口的引航窗口亮！哪一个港口的引航品牌响！

徐祖远副部长在全国引航工作会上的讲话
二〇一二年二月二十七日

目录

CONTENTS

CONTENTS

CONTENTS

引航文化品牌解读

品牌名称

水上国门形象第一人

品牌标识

■ 品牌释义

“水上国门形象第一人”文化品牌，是对中国引航业的科学定位，准确反映了引航工作的职业特征，凝聚了引航行业的核心价值体系，具有较高的社会知名度和较强的导向性。

从引航员工作性质特点看，引航员是“水上国门形象第一人”。作为“流动国土”的船舶进入中国港口，看到的第一个行使国家主权，又能够提供高质量技术服务的中国人就是引航员，当船舶离港时，送走这块“流动国土”的也是引航员。引航员的一言一行、一举一动代表着中国人的形象，代表着中国人在维护和保障国家主权方面的一种敬业精神，体现出我国海运发展的综合管理素质。

从引航工作与港口生产的关系看，引航是港口服务的重要功能，是连接船舶和港口的纽带，是保证港口生产安全有序的重要环节，没有这个环节，港口的整个生产组织将无法正常进行。

从海运与国家对外开放的关系看，我国 90% 以上的外贸进出口、99% 的矿砂和 90% 以上的石油进口都是通过海运完成的。港口开放首先是对船舶开放，港口物流需要顺畅的船流，而顺畅的船流需要高质量的引航服务，高质量的引航服务需要高素质的引航员。

从新中国成立 60 多年的实践看，我国引航在维护航权、保证港区安全、提升港口综合服务能力、促进航海技术提升等方面起到了重要作用。目前我国引航员年引中外船舶近 40 万艘次，要与数以百万计的世界船员打交道，这是展示中国优秀文化和软实力的重要窗口。建设文化强国，需要“水上国门形象第一人”文化品牌。

■ 品牌定位

履行水上国门第一人岗位职责

展现一流行业形象

提供一流引航服务

■ 品牌功能

◆激励功能

它是一种动力，激发引航职工的职业责任感、使命感，把日常引航行为与船舶安全、港口繁荣、国家发展联系起来，立足引航岗位，建功立业。

◆导向功能

它是一个标准，引导引航机构和引航职工，按照“第一人”标准，高点定位，重新审视、科学规范发展规划和人生目标。

◆约束功能

它是一面镜子，映照引航职工言行，约束引航职工珍惜中国引航员的崇高荣誉，慎独自律。

◆凝聚功能

它是一面旗帜，增强引航职工的认同感、归属感和凝聚力，让全国引航职工团结在这面旗帜下。

◆传播功能

它是一个宣言，提高社会认知度，帮助交通行业和社会大众认识引航的社会作用和地位，认知引航，了解引航，支持引航发展。

◆辐射功能

它是一缕阳光，辐射家庭、辐射行业、辐射社会，推进行业和社会文明，展示中华文明。

■ 品牌建设战略三部曲

探索期　培育期　提升期

提升期

培育期

探索期

◆引航文化品牌探索期（2008年1月—2009年9月）

引航协会成立大会提出打造中国引航品牌任务；系统总结改革开放30年中国引航发展成就；全面回顾新中国成立60年中国引航发展历程；深入挖掘中国引航精神理念，探索中国引航科学定位；以徐祖远副部长发表“水上国门形象第一人”讲话为标志，初步确立“水上国门形象第一人”文化品牌。

◆引航文化品牌培育期（2009年10月—2013年2月）

中国引航协会发出号召，全国引航系统深入开展学习交通运输部领导讲话、当好“水上国门形象第一人”活动，建立“水上国门形象第一人”文化品牌的行业共识；引航行业响应交通运输部号召，带头开展学习“水上国门形象第一人”楷模——姚泽炎同志活动，树立引航文化品牌的形象代表；在交通运输部领导下，召开港航系统学习姚泽炎座谈会和全国引航工作会议，形成全国港航系统共建“水上国门形象第一人”品牌的大格局；完成引航文化建设规范体系编制，建立文化品牌核心理念体系，统一行为规范、建设标准、行业标识，建立引航文化品牌战略。

◆引航文化品牌提升期（2013年2月—2015年）

以引航协会理事会审议批准深化引航文化品牌创建方案为标志，全国引航系统整体动员，全面贯彻落实引航文化建设规范体系，精心打造“水上国门形象第一人”文化品牌，实施文化品牌战略，整体提升、全面推进引航文化建设、引航队伍建设和引航现代化建设，实现平安引航、和谐引航、快乐引航，确立中国引航业在国际航运、港口物流发展和国际引航事务中的地位。

引航文化品牌战略

■ 指导思想

以科学发展观为指针，以践行引航核心价值观为主线，以“学树建创”活动为载体，以姚泽炎同志为榜样，认真贯彻中国引航行业核心价值体系、引航职工行为规范体系、文明引航机构建设标准体系和行业标识规范，在“十一五”建设基础上，全面提升、整体推进引航文化建设、引航员队伍建设和引航现代化建设，精心打造“水上国门形象第一人”文化品牌，建设与海运强国相适应的世界一流的引航队伍，以更加安全、及时、文明、高效的引航服务，确立中国引航业在国际航运、港口物流发展和国际引航事务中的地位。

■ 创建战略

引航协会为创建平台

引航机构为创建主体

引航员为创建重点

引航文化为品牌灵魂

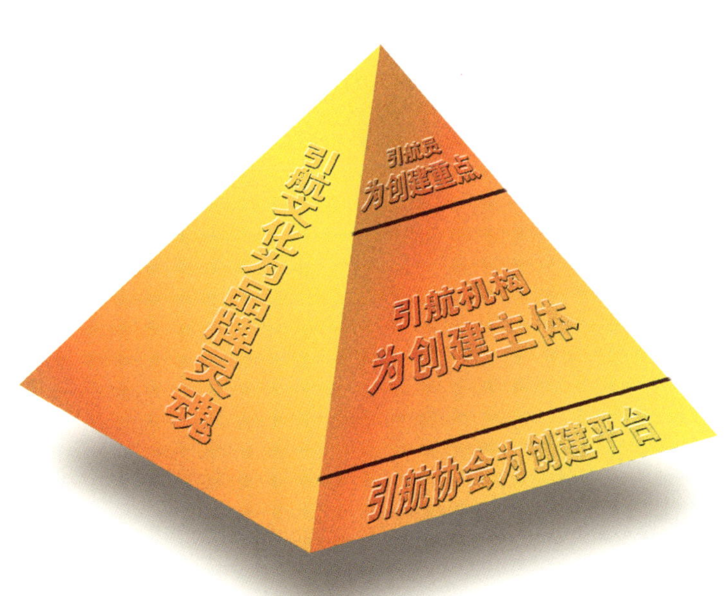

■ 品牌规划三原则

差异性　统一性　持续性

◆品牌定位差异性原则

品牌定位反映引航行业独有特色，创建路径符合引航行业实际。

◆品牌形象统一性原则

核心理念表述统一、行业规范统一、行业标识统一。

◆品牌传播持续性原则

围绕文化品牌，持续传播引航核心价值理念、代表人物、典型事迹。

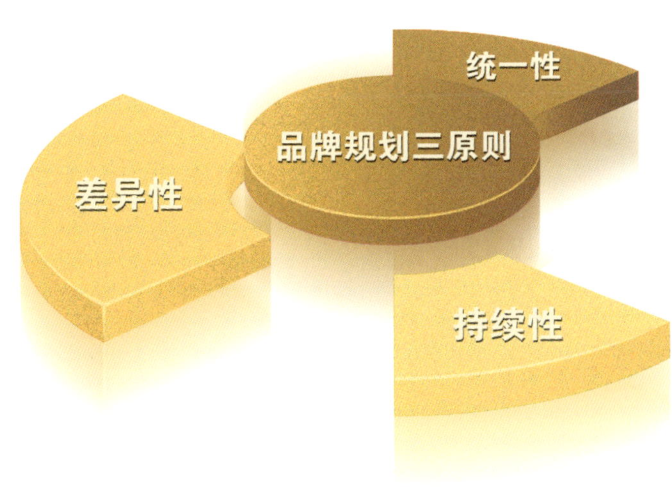

■ 品牌建设四支柱

引航行业核心价值体系

引航职工行为规范体系

文明引航机构建设标准体系

引航行业标识体系

行业核心价值体系是品牌的灵魂

引航职工行为规范体系是品牌的关键

文明引航机构建设标准体系是品牌的组织、制度和物质保障

引航行业标识体系是引航文化品牌必备的外部标识

■ 引航文化品牌形象代表——姚泽炎

坚森同志：

在交通运输行业树立和宣传姚泽炎这个先进典型。

张德江

2010.9.12

技术精湛令外轮船长折服

竭诚服务为港航企业信服

大气包容彰显人格魅力

维护主权不辱第一人使命

姚泽炎，长江引航中心高级引航员、全国先进工作者、感动中国交通人物、全国十佳引航员

他在世界上航行秩序最复杂、船舶密度最大、开放距离最长的水域安全引航28年，他亲眼目睹了大港横空出世、大桥跨越天堑，见证了中国造船业的惊世崛起和黄金水道的腾飞。共引领来自60多个国家和地区船舶7000多艘次，引航里程达65万多公里，创造了多项引航史上的奇迹。

在他心中，引航是一种博大精深的文化，在他的手中，引航是一件精雕细琢的作品，他在大江之上，用万船轨迹演绎着引航人生。

他就是中国当之无愧的“金牌引航员”——姚泽炎。

引航行业核心价值体系

核心价值观

行业使命

行业愿景

引航道德

引航精神

引航核心价值体系是以爱国主义为核心的民族精神和以改革创新为核心的时代精神的具体体现，是交通行业核心价值体系在引航行业深入实践的主要载体，它流淌着历代引航人精神血脉，彰显着全体引航人的理想追求。它是引航行业长期积淀形成的精神成果，凝结着中国引航的历史传统、思想理念，指明了中国引航发展方向、时代责任、价值取向、精神动力、职业操守，是引航文化品牌的灵魂。

■ 核心价值观

维护主权　保障安全

精心引领　服务港航

引航核心价值观是社会主义核心价值体系在引航行业深入实践的本质体现，是引航行业共同的价值取向，为引航行业的涉外性、专业性、风险性和服务性等基本特征所决定。

◆维护主权

引航权是航运权的主要组成部分。引航员按照我国法律，对外国籍船舶实施强制引航，维护国家航权，是国家维护主权和尊严的重要体现。

◆保障安全

安全是引航工作的生命线。引航涉及的区域是水路运输的集结点，也是联系内陆腹地和海洋运输的枢纽，保障港口水域安全对于国家经济发展至关重要。引航员要利用高超的专业技能，保障船舶安全、人命安全和水域环境安全。

◆精心引领

引航是一项高风险高技术职业。技术为本，服务至上，精益求精，为港航企业提供优质安全的引航服务，为中外船舶提供安全、及时、文明、高效的引航服务。

◆服务港航

引航是联结港口与船舶不可替代的环节，保证船舶高效周转，保障港口有序运行，是引航服务的根本。全体引航职工要树立全心全意为港航单位着想的服务理念，想其所想，急其所急，帮其所需，全面服务于港航企业。

■ 行业使命

把世界引进中国
把中国引向世界

一艘船舶就是一块流动的国土。“把世界引进中国，把中国引向世界”这一口号，源自港航企业对引航的赞美和期望，已成为中国引航人标识性的理念。这句话表明了社会对引航行业的期望和需求，说明了引航行业存在的目的和意义。它把日常引航工作、个人理想同世界的交流、祖国的命运和港口的繁荣紧密联系起来，形象地阐明了引航在我国港航事业发展和国民经济建设中的价值和作用。它流淌着历代引航人精神血脉，彰显着全体引航人的理想追求。

引航员代表着国家形象，忠实履行神圣职责，对进出中国水上国门的外国籍船舶强制引领，维护祖国航权安全。

引航技术代表当代最先进的船舶操纵技术，安全及时引领船舶进出港口，促进港口开放，促进地区经济和国家经济繁荣，让中国与世界因海洋而相近，因引航更紧密。

引航文化代表着先进的中华文化，当好中外文化交流的友好使者，把世界各民族的优秀文化引进中国，把优秀的中华文明引向世界。

■ 行业愿景

建设与海洋强国相适应的一流引航队伍，实现平安引航、快乐引航、和谐引航。

◆平安引航

船舶平安、港口水域平安、引航员平安。船舶进出港口，靠、离码头是船舶航行过程中最复杂的一段航程。作为水上国门形象第一人，引航员不仅是船舶引路人，更是风险管理者，要以技术赢得尊重，以服务赢得信赖，紧密团结船舶驾驶台团队，利用所有资源，协调港埠相关服务，化解航行中遇到的各种风险，安全地操纵船舶进出港口，靠、离码头。作为风险亲历者，勇敢机智，历险不惊。作为风险管理者，沉着镇静，指挥若定。作为抢险指挥者，当仁不让，力挽狂澜。

◆快乐引航

快乐引航，幸福生活。在服务中体验快乐，在挑战中赢得快乐，在事业中实现人生价值，受到社会尊重。船舶进出中国港口能享受高层次内涵、高精神体验的引航服务，宾至如归，感受美丽中国，享受引航的快乐。

◆和谐引航

和谐引航既是引航发展哲学，也是引航发展追求的境界。发展和谐——引航发展与港口发展、船舶技术发展、航海科技发展相适应；团队和谐——职责分明，管理精细，组织严密，团结给力；过程和谐——程序公开，信息透明，公正公平，阳光操作；人与自然和谐——精通水性、掌握船性、尊重人性，三性合一，同舟共济，共创港口繁荣，实现和谐发展。

■ 职业道德

爱国　敬业　慎独

◆爱国

水上国门，国脉所系。引航的发展与国家兴衰密切相连，弘扬爱祖国、爱航海、爱港口、爱引航的光荣传统，为实现中华民族伟大复兴，肩负时代使命，自觉维护祖国的主权和尊严。

◆敬业

万船轨迹，引航人生。引航是一项神圣而崇高的职业，需要很高的职业素养和终身为之奋斗的精神，选择引航就选择了一种人生。我们要热爱引航事业，牢记岗位使命，忠实履行职责，把引航当作事业、当作学问、当作作品，终身追求，终身研习，永不懈怠，兢兢业业，用万船轨迹描绘壮丽的引航人生。

◆慎独

在独处中谨慎不苟，是中国道德修养的最高境界。《礼记·大学》云："诚于中，形于外，故君子必慎其独也。"引航员在"流动的国土"上独自工作，更应自珍、自重、自强、自律，注重个人品德操守，加强个人道德修养，追求高尚人格境界。不做任何有损国格人格、有违道德信念之事。

■ 引航精神

敢于担当　真诚服务

开放包容　务实争先

引航精神是引航行业文化的精髓，是行业凝聚力的基础和事业发展的原动力。

◆敢于担当

担责、担难、担风险，彰显中国引航员服务精神和气魄。中国引航员有担当，只要国家需要、港口需要、船舶需要，都能挺身而出，迎难而上，克服困难，完成使命，在关键岗位发挥关键作用。

◆真诚服务

彰显引航服务的科学态度。真为美学第一原则，诚为道德最高境界。求真情、讲真话、练真功，树立科学的权威，以技术赢得信赖。诚心、诚意、诚信，一诺千金，以服务赢得尊重。

◆开放包容

海纳百川，有容乃大。放平心态，虚怀若谷，用世界眼光，引四海巨轮，交五洲朋友，展中华礼仪风范，建和谐温馨港湾。

◆务实争先

高点定位，追求卓越，开拓进取，勇为人先，走在港口、地区和时代发展的前列。技术精湛、管理精细、装备精良，服务为先，理念领先。

引航职工行为规范体系

引航必须通过引航员的行为为社会提供服务。引航员的形象和服务行为，甚至一个眼神、一个口令、一个操作，都会影响服务质量，都体现出引航员的文化素养。规范引航员行为是引航文化品牌建设的关键。

◆作为水上国门形象第一人，引航员应该做到：

仪表端正，给人庄重感，
言行得体，给人文明感，
服务热忱，给人亲和感，
操作规范，给人务实感，
沉着镇定，给人信任感，
临危不乱，给人安全感，
热爱祖国，给人忠诚感，
慎独自律，给人高尚感。

■ 引航职工行为规范

第一条　引航职工应热爱祖国、爱岗敬业，遵守国家法律法规，遵守相关职业纪律与职业道德。

第二条　引航职工应以引航事业为中心，维护“水上国门形象第一人”声誉。

第三条　引航职工应举止端庄，注重文明礼仪，遵守社会公德。

第四条　引航职工应努力提高职业素养，适应岗位职责要求。

第五条　引航职工应遵守港口管理部门、海事管理部门及引航机构规章制度。

■ 引航员行为规范

第一条　引航员必须持有主管机关颁发的适任证书，实行挂牌上岗，并严格遵守《中华人民共和国引航员职业道德和纪律规范》。

第二条　引航员应按照有关法规提供引航服务，服从引航机构管理。除非得到任职的引航机构授权，不得从事与船舶驾引技术服务相关的业务。

第三条　引航员应当按规定着装和佩带标志。

第四条　引航员在引航作业前四小时内不得饮酒。

第五条　引航员在引航作业前，应根据气象、水文、船舶种类、环境状况，制定引航方案并告知被引船长。对重点船舶、特殊船舶或困难作业船舶的引航方案应以书面方式长期保存。

第六条　引航员登船后，应及时与船长交换引航信息卡，了解被引船舶情况，向船长介绍引航方案。并认真核实相关信息，如有可疑、不实之处，应及时要求船长或相关方给予解释。如仍有疑问，则向引航机构汇报，以待求证。

第七条　引航员在船工作期间，应注意文明礼仪，用语准确规范。

第八条　引航员应当谨慎操作，在整个引航作业期间，保持正规瞭望，使用安全航速。

第九条　引航员应积极融入驾驶台操作团队，了解各类助航仪器性能，正确使用助航仪器。

第十条　引航员在和拖轮操作人员、码头管理人员等相关人员沟通时，要耐心、礼貌，尊重对方操作规范。

第十一条　引航员应按规定向海事管理部门及时报告被引船舶动态。发现海损事故、污染事故或违章行为时，应当及时向海事管理部门、引航机构报告。

第十二条　发生海事、海难等紧急情况时，引航员应积极配合海事部门收集信息、协助救援。

第十三条　发生临时锚泊、泊位变更等特殊状况时，引航员应及时、准确地告知船长。

第十四条　引航员应避免与船方人员、港航工作人员发生直接冲突。发生意见分歧时，应及时沟通，做到坚持原则、有理有节。如遇到沟通困难的情况，应及时报告引航机构协调解决。

第十五条　引航员应当按照规定的地点、时间登离轮。引航员离船或在其他规定情况下交接职责时，应向船长或者接替引航员交接清楚，在双方确认安全的情况下方可完成职责交接。

第十六条　引航员遇到下列情况之一时，有权拒绝、暂停或者终止引航：

（一）恶劣的气象、海况；

（二）被引船舶不适航；

（三）没有足够的水深；

（四）被引船舶的引航梯和照明不符合安全规定；

（五）引航员身体不适，不能继续引领船舶；

（六）其他不适于引航的原因。

引航员在作出上述决定之前，应向海事管理部门报告。获得同意后，要明确地告知被引船舶的船长，并对被引船舶当时的安全作出妥善安排，包括将船舶引领至安全和不妨碍其他船舶正常航行、停泊或者作业的地点。

■ 引航员道德规范

第一条　引航员应热爱祖国，遵守国家法律法规，积极为社会主义经济建设和改革开放服务，切实维护国家主权和利益。

第二条　引航员应恪守客观、公正、安全、科学的原则，严格按照法律法规和国家有关规定，及时为港航单位提供安全、优质的引航服务。

第三条　引航员应注意文明礼貌，举止端庄，按规定统一着装，使用文明语言。

第四条　引航员应廉洁自律，遵守行风规范，秉公办事，不得做有损职业形象的行为。

第五条　引航员应勤业敬业，刻苦钻研和掌握业务知识及专业技能，增强服务意识，不断提高业务技术水平。

第六条　引航员应积极协助海事行政主管部门调查海事事故，实事求是提供有关情况。

第七条　引航员发现危及港口、航道设施安全现象时，应立即向港口行政主管部门报告。

■ 引航员纪律规范

第一条　引航员应遵守本引航机构制定的工作纪律和规章制度，服从引航机构的管理。

第二条　引航员应严格遵守涉外人员守则，保守国家机密。

第三条　引航员不得拒绝本引航机构指派的引航任务，不得擅自将本单位指派的引航任务委托他人。

第四条　引航员不得以个人名义私自承接引航业务。

第五条　引航员不得同时接受两个及以上引航机构聘任从事引航业务。

第六条　引航员在执行引航任务前和引航过程中禁止饮酒。

第七条　引航员应准时登轮，遵守登轮纪律及其他与履行职务有关的程序规定，尊重船方的习俗。

第八条　引航员应尊重被引领船舶船长的合理建议。

第九条　引航员应与被引领船舶、码头、拖轮等单位团结合作，热情服务，不得以任何理由刁难对方。

第十条　引航员应按照引航作业指令履行对被引领船舶的责任，将船舶安全地引领到指定的区域，无正当理由不得终止引航。

第十一条　引航员不得向船方索取或收受额外报酬和其他财物，不得利用工作之便从事与引航无关的活动。

■ 引航调度员行为规范

第一条　调度员职责：受理引航申请；安排引航计划；合理调派拖轮；代表引航机构与现场引航员保持联系；负责与引航生产直接相关事

宜的沟通协调。

第二条　调度员在内外服务工作中，应规范操作、公正公平。不得利用职务之便谋取私利。

第三条　调度员在内外服务工作中，应耐心细致做好沟通工作。

第四条　调度员对符合条件的引航申请均应受理，不得拖延、刁难。对不能接受的申请应及时向申请方说明原因。

第五条　调度员接受引航业务时，应了解核实船舶详细资料，对部分特殊属性的船舶应予以特别的关注与安排。

第六条　因气象水文因素或其他不可抗因素而发生引航业务变更时，调度员应及时通知相关港航单位，说明原因。

第七条　调度员应定期向港航单位征求意见，建立良好合作关系，自觉接受监督。对主管部门、港航企业提出的意见与建议应及时向引航机构领导汇报，并予以答复。

第八条　调度员的值班时间应符合港口生产需要，并保持全天候畅通的联系渠道。

第九条　调度员应使用专门的信息发布平台，以利主管部门、港航机构及时了解引航相关信息。

第十条　引航现场发生突发事件，如船舶失控、发生海事等，调度员应按有关应急预案的要求，及时向有关部门报告，并负有联络协调的辅助责任。

■ 引航船艇工作人员行为规范

第一条　引航船艇工作人员应按照引航机构安排，为引航员登离轮提供交通服务，保障引航员的登离轮安全，并配合船舶安全操作。

第二条　引航船艇工作人员未经引航机构允许，不得受理与引航业务相关的人员交通业务。

第三条　引航船艇工作人员应保证船艇外观整洁，引航旗、信号灯等标识清楚。

第四条　引航船艇工作人员应使用适当的安全护具，着装整洁。

第五条　引航船艇工作人员应及时养护引航船艇设施，保证引航船艇工况良好，索具牢固。

第六条　引航船艇工作人员应熟悉各种应急预案，按规定要求进行演练。

第七条　接送引航员时，引航船艇工作人员应预先对船舶的引航梯等索具进行外观检查，发现明显缺陷应停止接送，并与引航员及相关部门及时联系。

第八条　引航员登离轮时，引航船艇工作人员应在旁守护帮扶，协助引航员安全登离轮。在引航员登轮时，引航船艇仍应在附近保持观察，直至引航员安全登上甲板。

第九条　发生海事、海难等紧急情况时，引航船艇应配合海事管理部门收集信息、协助救援。

文明引航机构建设标准体系

引航机构是引航文化品牌创建的主体。认真落实引航体制改革精神，建设文明引航机构，全面提升整体推进引航文化建设、引航员队伍建设和引航现代化建设，把引航机构建设成港口开放的窗口，实现管理人性化、服务规范化、装备现代化、反应快速化，形成有利于引航发展的社会环境和人文环境，拓展引航职工的发展空间，提升引航职工素养和品位，提高引航职工幸福指数，让引航员有尊严地工作，有品味地生活，为打造“水上国门形象第一人”文化品牌提供组织、制度和物质保障。

■ 组织建设标准

（1）引航机构具有独立法人资质，机构领导具备规定的资格条件。内设部门（岗位）齐全，功能完善。

（2）按规范设置党组织，并按上级指示要求抓好组织建设和党员教育管理，发挥党组织的战斗堡垒作用和党员的先锋模范作用。

（3）坚持民主集中制原则，领导议事、决策制度健全，重大问题集体讨论决定。

（4）建立反腐倡廉机制，班子成员廉洁自律，群众满意度高。

（5）按规定建立工会、共青团组织，并做到有计划、有活动、有经费、有场地。

■ 引航职工队伍建设标准

（1）引航职工队伍建设有规划。引航员素质高，技术结构合理，有港口引航学术带头人，能满足港口生产任务和港口发展需要。

（2）以争当“水上国门形象第一人”为主题，深入开展引航文化建设，践行行业核心价值体系。并根据上级要求，深入开展宗旨教育、思想道德教育，文明礼貌教育和法制教育。

（3）严格遵守引航职工行为规范，及时纠正各种违纪不良行为，杜绝各类恶性不良事件发生。

（4）按计划开展职工岗前培训、岗位培训和日常业务学习。积极组织引航职工参加上级和行业组织的各项培训，开展学术研讨，努力提高引航职工岗位能力。

45 岁以下管理工作人员全部达到大专以上学历，50 岁以下站务人员具备计算机基本操作能力。

（5）定期安排引航职工体检，建立引航职工健康档案，建立健全引航职工意外保险，维护引航职工合法权益。

■ 引航基础设施建设标准

（1）有满足引航办公和生产指挥需要的办公用房，引航调度（监控）中心、职工学习室、活动室、引航员休息室设施齐备，功能齐全，管理到位。

（2）引航办公设备、业务设备、通信设施、生活设施等基础设施齐备。每名引航员必须配备救生衣、望远镜、手持 VHF、引航工作包和符合规定的服装、标志。

（3）引航船艇、趸船、车辆等设备技术性能良好，能保证引航工作需要，特别是保证引航员在复杂天气条件下安全登（离）船舶。

■ 内部管理建设标准

（1）职工岗位职责、年度目标、行风廉政建设制度，职工民主管理等制度健全，内部管理规范有序。

（2）站务会、职工大会、月（周）工作例会、调度例会等会议制度坚持较好。

（3）检查、考核、评比和激励机制完善。

（4）积极推行事务公开和开展合理化建议活动，尊重职工民主权利。

（5）建立监督网络，完善信息反馈和监督机制。

（6）工作台账记录、数据信息录入填写规范，档案齐全。

■ 网络建设标准

（1）建立网上引航工作平台，及时公布引航工作相关数据和信息，办理网上申请、网上调派、网上查询、网上监控、网上结算等引航业务，提高引航工作效率。

（2）实现引航机构与港口、海事机构联网，共享信息资源，对船舶、码头和航段实时监控，使引航安全管理与海事、港口管理同步。

（3）建立网上监督机制，公开服务承诺、政策法规、投诉邮箱和电话等，提高引航服务的透明度，充分发挥社会服务功能。

（4）利用电子邮件、手机短信等网络方式，建立引航员综合信息服务平台。

■ 安全管理建设标准

（1）落实引航安全教育制度。牢固树立安全是引航生命线的观念，增强安全意识、法制意识、人本意识。

（2）建立、完善港口引航安全体系。规范引航操作规程，严格执行引航员适任等级制度，防止疲劳引航。

（3）建立安全形势检查分析和引航事故报告制度。定期进行安全检查，发现问题和隐患及时整改。发生引航事故，及时如实上报，坚持“四不放过”原则。

（4）落实安全预警工作。针对重点水域、重点船舶、重点时段、重点人员，制定引航应急预案，加强演练，提高引航综合应急反应能力和化解风险能力，防止和杜绝重大引航事故发生。

（5）引航安全形势稳定。

■ 服务质量建设标准

（1）实行引航服务承诺制，通过公示栏和互联网等方式，将引航申请程序、服务标准、行风监督电话等向社会公示，自觉接受社会监督。

（2）引航调度接受引航申请，凡资料完整、符合条件的船舶引航申请受理率达 100%。

（3）严格按调派程序，选派适任引航员执行引航任务，及时公开调派计划并告知申请单位。

（4）特殊困难作业船舶申请，实行“一船一议”的审批制度，在各项工作安全措施到位情况下，精心引领船舶进出港口和靠离泊位。

（5）建立与港口单位联系制度，定期走访相关单位，听取意见和建议，不断提升引航服务质量，提高服务效率，改进工作作风。

（6）协助主管部门建立引航监管和社会评估体系，自觉接受社会监督和评议，坚决纠正、严肃惩处各种行业不正之风。服务单位满意率达 95%。

■ 环境建设标准

（1）办公楼、会议室、交通船（艇）、车辆等行业标识齐全。

（2）在引航机构办公地点显要位置设立引航公示宣传栏，公示服务承诺和引航相关信息。

（3）单位环境整洁有序，环保、节能减排措施到位，环境质量指标、环境污染控制指标符合国家环保标准。

（4）卫生管理制度健全，卫生防疫工作到位。

引航行业标识体系

■ 行业徽标

C:100
M:70
Y:0
K:0

C:0
M:100
Y:100
K:0

（1）圆形图案外圈代表望远镜。

（2）罗经花代表引航指引航向，象征中国引航协会把全国引航职工团结成一个整体，同时也象征全国引航大团结。

（3）地球经纬线象征引航连接世界，把世界引进中国，把中国引向世界。

（4）内圆下部波浪象征舞动的国际引航工作旗，又象征微笑服务，阳光引航。

引航机构使用（以上海港引航站为例）

宣传用字规范

◆ “中国引航”字型标志

中 国 引 航

各引航机构将该标志设置于业务用房（趸船）外部显著位置，颜色为深蓝色，字体为方正舒体。

◆ “把世界引进中国，把中国引向世界”字型标志

把世界引进中国　把中国引向世界

各引航机构将该标志设置于会议室醒目、突出位置，颜色为深蓝色，字体为方正舒体。

◆ “维护主权　保障安全　精心引领　服务港航”字型标志

维护主权　保障安全
精心引领　服务港航

各引航机构将该标志设置于业务用房大厅、单位标识下方，颜色为深蓝色，字体为方正舒体。

■ 引航艇、趸船标识

◆引航船艇标识

（1）船艇颜色

新造船艇颜色规范：小船艇（比如：快艇）为橙色，大船艇（比如：双层交通艇）为白色；现有船艇维持现状。

（2）在船艇醒目部位设置

字体为 Arial Black，颜色为深蓝色。

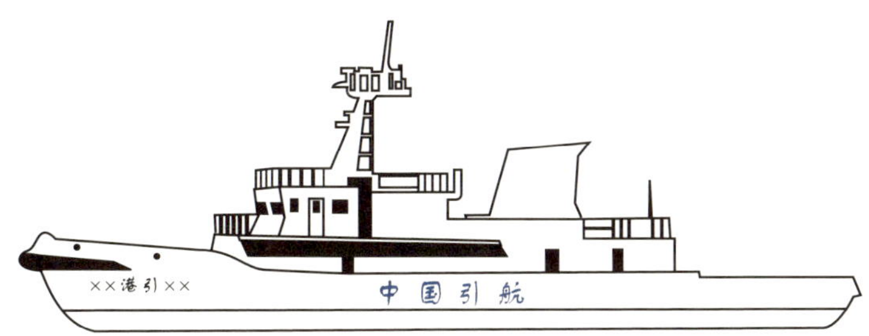

字体为方正舒体，颜色为深蓝色。

（3）各单位根据实际情况选用

（4）引航船艇旗帜悬挂在船首

◆趸船标识

（1）面海一侧顶层设置

PILOT

字体为 ArialBlack，颜色为深蓝色。

××引航站(中心)设置在其下方，字体为方正舒体，颜色为深蓝色。

（2）在主甲板无电绞关一端靠海舷边设置旗杆，用于悬挂国旗和引航旗。

■ 引航交通车标识

车身两侧中部标“中国引航”文字标识，字体为方正舒体，颜色为深蓝色或深色，车身使用白色。

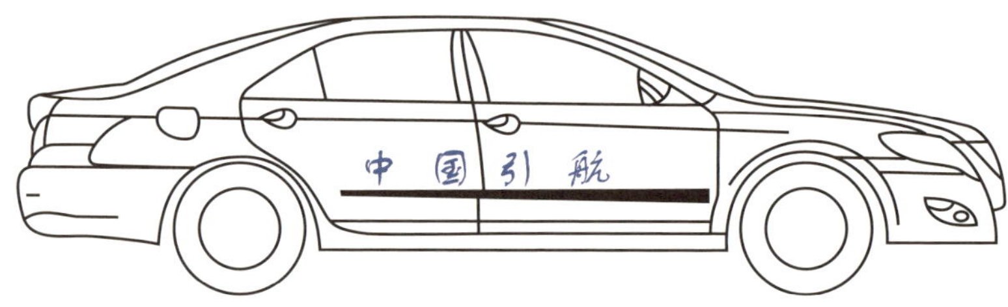

注：由于各省市对车辆的标识设置有具体要求和规定，请依据实际情况合理使用本行业车辆标识。

■ 引航员胸牌

金属材质，颜色为银白色，牌面上放引航标志、姓名、姓名的拼音。

胸牌编号为引航机构前两字拼音缩写＋五位职工编号（以长江引航中心汪吉发为例）。

引航文化品牌建设八个一工程

1. 编印《中国引航60年》大型画册

全面回顾新中国成立以来中国引航的发展历程，系统总结历史经验与发展成就，积极探索中国引航的发展道路，深层挖掘中国引航的历史传统、精神风貌与思想理念，全面展示全国引航机构与引航员的风采，彰显中国引航在我国经济发展中的地位与作用。

2. 拍摄“水上国门形象第一人”电视专题片

围绕新中国水运事业变迁主线，总结新中国成立以来中国在成为水运大国的过程中，中国引航在维护主权、保障安全、服务港航、促进航海技术发展等方面起到的不可替代作用，展示新中国引航员“把世界引进中国，把中国引向世界”的博大胸怀，歌颂中国引航员在各个历史时期面临众多严峻挑战、敢于担当、勇为人先、力排万难的英雄气概，揭示引航员“水上国门形象第一人”主题。

3. 树立引航文化品牌形象代表

开展全国优秀引航员和十佳引航员评选活动，总结整理新中国成立以来省部级劳动模范事迹档案、系列省部级以上先进典型。组织中央和行业媒体采访姚泽炎，拍摄电视专题片，举办姚泽炎事迹展览，组织姚泽炎事迹报告会，编印报告文学《金牌引航员姚泽炎》和《姚泽炎故事》,推广姚泽炎引航十诀，在交通运输部政府网和中国引航网开辟学习姚泽炎专栏，深入持久开展学习姚泽炎、当好“水上国门形象第一人”活动。运用先进典型引导引航文化品牌建设，传播引航文化品牌。

4. 建设引航文化品牌信息平台

按中国航海十大知名网站标准建好“中国引航网”、办好《中国引航》杂志,促进中国引航行业交流,扩大中国引航影响，塑造中国引航以及全体引航员“水上国门形象第一人”的社会形象，提升行业的美誉度与认知度，推进引航文化品牌建设,使之成为宣传引航文化信息、交流引航文化建设经验、共襄引航文化品牌发展的重要平台。

5. 编印引航文化品牌建设成果丛书

编印《中国引航员优秀论文集》、《全国引航职工优秀摄影书画作品集》、《十佳引航员报告文学集》、《媒体聚焦中国引航报导文集》、《观世界说引航——世界引航考察报告和随船远洋实习报告集》等。

6. 在《中国引航网》举办“万船博物馆”

用图片展示出中国引航员引领的中外巨轮雄姿，在每期《中国引航》杂志封面登载全国引航员引领的特色船舶，每年评选全国最有特色的引航船舶，与《中国水运报》联合开办“引航经典”专栏，用万船轨迹展示引航员风采和壮丽人生，见证中国港口和航运事业发展。

2010年航海日系列活动——

中国引航论坛在京隆重召开

登高望远话引航 当好水上国门形象第一人

7. 办好作为中国航海日系列活动之一的中国引航论坛

每年在中国航海日期间，联合中国航海日组委会等单位，举办中国引航论坛，邀请全国资深引航员、航海界专家、航海院校教授、政府主管部门的领导及专家就引航发展、引航员培训等重要问题发表意见，感悟引航、宣传引航、宣传航海，繁荣引航学术交流。

8. 建立引航文化建设规范体系，编制《中国引航文化品牌建设手册》

统一引航行业核心价值体系、引航职工行为规范体系、文明引航机构建设标准体系、引航行业标识体系，解读文化品牌战略，明确目标任务，规范全国引航文化建设，整体提升引航文化建设水平。

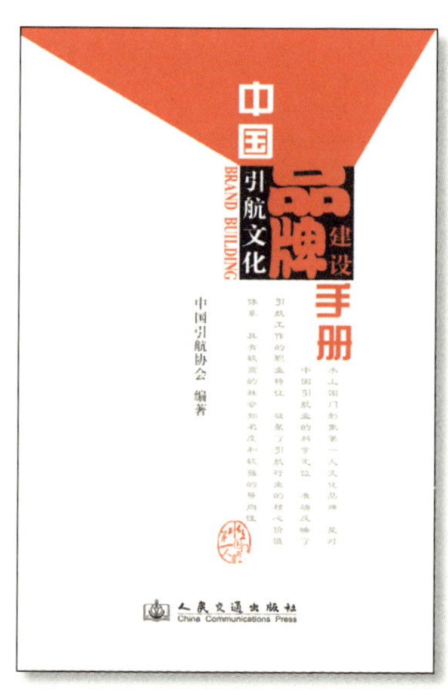

深化"水上国门形象第一人"文化品牌创建工作实施方案

总体目标

到“十二五”期末，把“水上国门形象第一人”打造成全国交通行业优秀文化品牌。全国引航系统队伍素质、行业形象、基础设施、服务质量和社会知名度有明显提升；80% 以上的引航机构达到文明引航机构建设标准，70% 以上的引航机构成为当地港航系统先进单位；创建 1 个全国文明单位，1 个全国交通行业文化建设示范单位，6 个省部级文明单位和省部级文明示范窗口，6 名部级先进典型。

基本原则

（1）坚持协调推进、自主创建的原则。中国引航协会负责制定行业总体规划、基本标准规范，搭建学习交流平台，组织协调工作；作为文化品牌创建主体，各引航机构要在行业总体目标指导下，根据实际情况，自主开展独具特色、个性鲜明的创建活动。

（2）坚持强化教育、注重实践的原则。扎实推进引航行业核心价值体系的践行活动。既注重教育培训，强化思想引导，又要建立健全行为规范，加强日常管理和制度约束，化虚为实、重视实践，使践行活动在广大干部职工中“自觉、自主、自为”。

（3）坚持以人为本、服务大局的原则。尊重人才，尊重技术，注重人文关怀和人格尊重，把教育人、关心人、理解人结合起来，促进引航职工素质全面提升；坚持以服务对象高满意度为出发点，努力为中外船舶提供高层次内涵、高精神体验、高智能化的引航服务。

（4）坚持继承传统、开拓创新的原则。传承引航行业优良传统和文化建设成果，广泛吸纳中外文化建设精华，构建符合行业特点、体现时代精神、具有科技含量的载体平台，创新与之相适应的方法与途径，提升行业文化建设科学化水平。

（5）坚持齐抓共管、相融共进的原则。将引航文化建设纳入总体规划；将核心价值理念融入引航管理；建立主要领导挂帅，分管领导负责，班子成员支持，各部门协调配合，上下合力，内外联动，党政工团齐抓共管的工作机制。

■ 文化品牌建设重要举措

1. 健全组织，加强领导

（1）健全文化品牌创建领导小组，切实加强引航文化品牌创建工作的组织领导、统筹协调。

（2）健全引航文化建设研究会，加强引航文化品牌研究，为协会领导和各单位领导开展引航文化建设提出意见和建议，并承担具体策划和组织工作。

2. 明确目标，深入动员

（1）中国引航协会理事会审议通过《深化“水上国门形象第一人”文化品牌创建工作，打造全国交通运输行业优秀文化品牌实施方案》，编印《中国引航文化品牌建设指导手册》，下发全国引航系统学习、执行。

（2）召开引航文化品牌建设推进会，推广引航文化建设先进经验，查找文化品牌建设薄弱环节，统一行业价值观表述语，统一行业形象识别体系，部署文化品牌创建工作，落实各单位创建目标。

（3）举办全国引航系统文化品牌建设成果展览，提高引航职工的文化自信。

3. 理念先行，典型引路

（1）以弘扬引航精神，创建“水上国门形象第一人”文化品牌为主题，开展践行引航行业核心价值大讨论，并于 2013 年 7 月举办引航论坛，出版论文集。

（2）推广姚泽炎引航操作十诀，继续深入开展学习姚泽炎同志的活动。

（3）开展第二届全国优秀引航员及十佳引航员评选活动。2013 年 7 月联合工人日报、中国水运报召开十佳引航员表彰大会，对十佳引航员进行系列宣传，深入开展宣传十佳、学习十佳、争当十佳的践行引航核心价值活动。

4. 规范行为，展示礼仪

（1）将引航职工行为规范列为引航职工学习培训内容，总结推广规范操作经验，在全国引航系统深入开展“当好水上国门形象第一人，从规范引航行为开始；阳光引航，从细节入手”活动，反违纪，反违章，纠正行业不正之风，纠正习惯性违章行为。

（2）举办引航员礼仪培训班，请礼仪专家讲授涉外礼仪，为各引航机构培养礼仪讲师。

（3）在普遍开展行为规范知识竞赛的基础上，于 2014 年“五四”期间，举办全国引航系统“水上国门形象第一人”形象展示竞赛，全方位展示引航员形象。该活动将委托上海、长江、宁波等引航机构团委联合承办。

5. 机构达标，优化环境

（1）2013 年中国引航协会理事会会议后，各引航机构根据文明引航机构建设八条标准，按照一年打基础、二年上台阶，三年整体达标要求，拟制达标规划，并于 2013 年 3 月上报秘书处。

（2）由中国引航协会牵头，成立文明引航机构建设检查评估领导小组，负责检查评估工作。按照缺项扣分、受奖加分的原则，于 2013 年 8 月制定颁发检查验收细则。

（3）从 2013 至 2015 年，每年年底进行一次文明引航机构达标检查评估。由各单位先行自评，并于次年 2 月底前向中国引航协会写出自评报告。自评达标的，申请达标评估验收；自评未达标的制定改进措施。

（4）每年 4 月，检查验收小组对申请达标验收单位进行验收评估，经验收合格、公示无异议的单位，由中国引航协会颁发全国文明引航机构奖牌。

（5）2015 年 4 月，在文明引航机构达标基础上，评选全国十佳引航机构，由中国引航协会联络交通运输部相关部门颁发奖牌并树为行业先进。

6. 品牌申报，深化创建

（1）加大引航文化品牌宣传和传播力度，充分利用电视、媒体、展览、歌曲等形式，宣传引航文化核心价值理念，宣传引航文化品牌创建的重要举措，宣传引航文化品牌建设代表人物，展示全国引航文化建设和品牌建设成果。

（2）积极向交通运输部政策法规司、水运局、海事局等部门汇报引航文化品牌创建工作成果，争取领导、专家的支持和指导。

（3）2013 年 5 至 8 月，组织力量，全面收集资料，撰写《“水上国门形象第一人”文化品牌》的申请报告，做好全国交通行业十大文化品牌申报工作。

（4）抓好先进，树立典型，帮助困难引航机构达标，整体推进行业文化建设，迎接部考核评比领导小组领导、专家检查验收。

7. 长效机制，巩固成果

2016 年，中国引航协会理事会召开总结表彰大会，总结经验，表彰先进，找出不足，制定整改措施，建立长效机制。

■ 几点要求

（1）统一认识，明确意义。各单位要深刻认识创建“水上国门形象第一人”优秀文化品牌，是交通运输部领导对引航行业的殷切希望，是实施海运强国战略的需要，是我国引航事业发展的需要。而引航文化规范体系和实施方案则是协调全国引航机构的行动纲领，其中行业核心价值体系是引航文化品牌的灵魂；引航职工行为规范是打造文化品牌的关键；引航机构建设基本标准是打造品牌的组织、制度和物质保障；引航行业标识是引航文化品牌必备的外部标识。我们要按照规范体系和实施方案的要求，统一认识，统一规范，统一标准，统一标识，统一步伐，齐心创建。

（2）落实责任，明确目标。各单位要根据引航文化建设的总体思路和规范体系，从实际情况出发，进一步确立“十二五”引航文化建设的目标，完善实施计划，加强领导，扎实推进，并及时上报品牌创建情况，以便协会统筹工作步伐，掌握工作进展，保证总体目标的实现。

（3）以“学树建创”为载体，把深入开展向姚泽炎学习、创建“水上国门形象第一人”品牌，同各地开展的创建文明单位、工人先锋号、青年文明号等特色创建活动结合起来，努力把引航机构建设成港口最亮丽的“窗口”。

（4）把文化品牌创建同巩固引航体制改革成果结合起来，着力改善引航文化品牌建设环境。抓住引航大发展、大建设机遇，在基础设施和软环境建设中融入行业文化元素，按统一标准建设和完善引航行业的形象识别体系，规范引航基地、车辆、船舶等外观标识，形成引航文化人文景观，增强行业文化的视觉冲击力和影响力，塑造行业良好的外在形象。

（5）继续加强行业宣传工作。加强同行业媒体的联系沟通，建立良性互动、稳定合作关系，抓好关系行业发展的重要节点的宣传，抓好行业发展重大政策、重要事件、重要典型、重要成就的宣传，努力提升引航行业的社会知名度，为引航发展创造良好的社会舆论环境。

（6）及时向主管部门汇报引航行业文化品牌创建工作思路及成果，争取主管部门和领导的支持，将引航文化品牌创建工作纳入港口文化建设总体规划。

光荣榜

■ 省部级以上先进个人（1978年以来）

（以所获奖项时间排序）

全国劳动模范

——原汕头港引航站站长　余世鹏

全国劳动模范

——原宁波引航站站长　张锁珍

全国劳动模范

——原舟山引航管理站站长　沃棉康

全国先进工作者、感动中国交通人物、中国十大杰出船员

——长江引航中心高级引航员　姚泽炎

全国五一劳动奖章

——原上海港引航站高级引航员　曹英

全国五一劳动奖章

——丹东港引航站站长　李宏江

全国五一劳动奖章

——舟山引航站党委书记、副站长　李培年

全国五一劳动奖章

——营口港引航站站长　张树龙

交通部先进工作者

——原连云港港务局引航处处长　杨保真

交通部先进工作者

——原上海港高级引航员　汪月明

全国交通战线劳动模范、
上海市劳动模范

——原上海港高级引航员　张德润

全国交通系统劳动模范

——原宁波引航站副站长　汪忠良

交通部劳动模范

——宁波引航站站长　陈杰

全国交通运输行业先进工作者

——厦门港引航站高级引航员　徐力

全国交通运输行业先进工作者、
全国交通运输行业文明职工标兵

——海南引航站站长、高级引航员　叶平

广东省劳动模范

——原汕头港港务监督副监督长、引航组长　刘炳辉

安徽省劳动模范

——长江引航中心主任　汪吉发

江苏省劳动模范

——原长江引航中心南通引航站站长　阮国兴

上海市劳动模范

——上海港引航站高级引航员　刘荣康

天津市劳动模范

——天津港引航中心高级引航员　刘遵清

上海市劳动模范

——上海港引航站高级引航员　周弘文

辽宁省五一劳动奖章

——大连港引航站站长　王健

广东省五一劳动奖章

——广州港引航站引航一部副部长　陈文志

全国交通运输行业文明职工标兵

——福州港引航站副站长　陈峰

全国交通运输行业文明职工标兵

——天津引航中心高级引航员　高守军

全国交通运输行业文明职工标兵

——广州港引航站高级引航员　卢沙

青岛市劳动模范

——原青岛港引航站副站长　刘耀光

青岛市劳动模范

——青岛港引航站高级引航员　杜兆忠

省部级以上先进单位（2008年以来）

（以所获奖项时间排序）

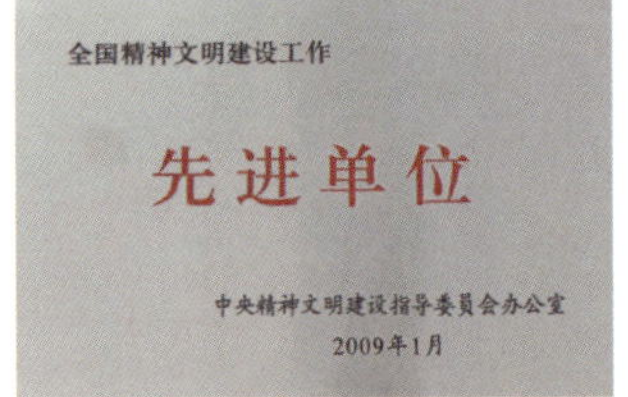

全国精神文明建设先进单位、江苏省文明单位

——长江引航中心

上海市文明单位

——上海港引航站

天津市文明单位

——天津港引航中心

辽宁省文明单位

——营口港引航站

山东省文明单位

——烟台港引航站

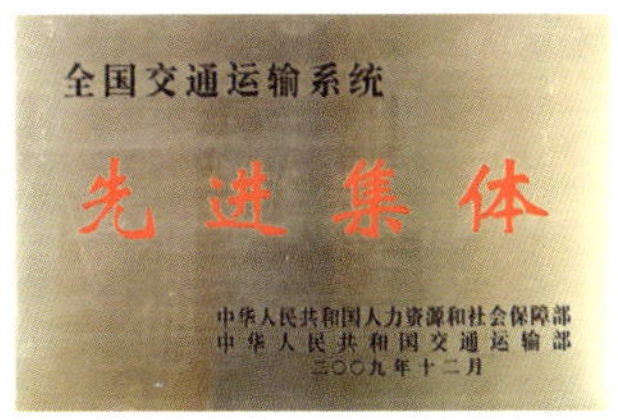

全国交通运输系统先进集体

——青岛港引航站

第一届十佳引航员

姚泽炎

长江引航中心

高级引航员

刘荣康

上海港引航站

高级引航员

初开元

大连港引航站

高级引航员

迟乃旗

天津港引航中心

高级引航员

杜兆忠

青岛港引航站

高级引航员

杨旺强

宁波引航站

高级引航员

郭定兴

舟山引航站

高级引航员

徐　力

厦门港引航站

高级引航员

陈文志

广州港引航站

高级引航员

张寿春

深圳港引航站

高级引航员

中国引航员服务公约

我们全国引航员将秉承引航员的职业操守，为把世界引进中国，把中国引向世界，庄重承诺：

一、以“维护主权，保障安全，精心引领，服务港航”为宗旨，共同铸造国门第一形象。

二、深入落实交通部“三个服务”工作要求，积极为社会主义现代化建设和改革开放服务。

三、恪守“客观、公正、安全、科学”的原则，严格按照法律法规和国家有关规定，为港航单位提供安全、及时、优质的引航服务。

四、切实维护引航行业的职业声誉，严格遵守工作纪律和规章制度，对外交往不卑不亢，树立良好的引航员形象。

五、刻苦钻研、掌握业务知识和专业技能，不断提高业务技术水平，竭力保障港口和船舶的安全。

六、爱岗敬业，秉公办事，廉洁自律，文明服务，主动接受行政主管部门和社会公众的监督。

二〇〇八年一月八日

劳模倡议书

十月的北京分外美丽。今天借全国引航系统新中国成立以来省部级以上劳模座谈会这一难得的机会，我们作为引航员的代表在祖国首都欢聚一堂，共同回顾新中国引航事业的光辉历程，共商引航发展大计，这也体现了交通部领导对广大引航员的关心和爱护，对引航队伍长期以来努力工作、辛勤付出的肯定和认可。

新中国成立以来，引航事业从小到大，担负起了“把世界引进中国、把中国引向世界”的重任。尤其自改革开放以来，伴随着我国水运事业、港口事业的飞速发展，作为港口生产重要一环的引航事业也得到了跨越式发展，打破了一个又一个的引航记录，创造了引航史上的辉煌成就。

进入新世纪以来，世界科技持续向前发展，随着新材料、新设备、新科技的出现，助航设备、航海技术的不断推陈出新，既给我们带来了很大的便利，也给我们带来了挑战。取得的成就只代表过去，海运事业的进一步发展，必将对我们引航事业提出更高的要求。为使我们能够把握时代前进的脉搏，及时跟踪航海前沿科技，实现“维护主权，保障安全，精心引领，服务港航”的宗旨，再创引航事业的辉煌，我们向全体引航员倡议：

虚心求学，用科学发展的观念实践引航，发展引航

当今世界科学技术发展突飞猛进，各学科技术更是日新月异。我们要与时俱进、虚心学习各种新的知识和技能，面对引航过程中出现的新

问题，要在引航实践中了解它们，以科学的态度对待它们，不断发展、完善引航本领，以实际行动践行科学发展观。

树立水上国门第一形象，以优质和安全的服务打响中国引航品牌

引航生产活动是港口生产活动中的重要一环，引航员的一言一行无不充分诠释着对引航技艺和安全服务理念的理解。姚泽炎以“人船合一”的技术、优质服务的大爱境界和大家风范给我们树立了国门第一形象。我们要学习先进，赶超先进，争当姚泽炎式的优秀引航员，共同为打响中国引航这一品牌而努力。

甘于奉献，勇于创新，再创和谐引航新辉煌

引航事业的健康发展需要我们树立正确的人生观、价值观，弘扬时代新精神，倡导社会新风尚。我们只有在引航实践中正确处理个人和集体、局部和全部等各种矛盾关系，舍小我为大家，进一步发扬团队精神，甘于奉献、艰苦奋斗、勇于创新、精益求精、争创一流，才能实现和谐引航，推动我们的事业不断前进。

同志们，我们应该深刻地认识到自己肩负的历史重任和社会责任，引航事业的腾飞需要我们着眼未来、坚定信心、同心同德、开拓进取、永不满足，抓住发展中的新机遇，克服前进道路上的新困难。为造就一流的引航队伍，为创造一个又一个引航记录，为更有效地服务于港口乃至国民经济的发展，为引航事业的美好明天，让我们发挥自己的聪明才智和力量，积极行动起来，不断地努力奋斗吧！

全国引航系统建国以来省部级以上劳模代表

二〇一一年十月十八日

加强引航文化建设
重要文件、领导讲话

引航员是水上国门形象第一人
——交通运输部副部长徐祖远答凤凰卫视记者问

二〇〇九年九月二十五日

9 月 25 日，在新中国成立 60 年前夕，交通运输部副部长徐祖远在体法司副司长柯林春陪同下，欣然接受中国引航协会与凤凰卫视“水上国门形象第一人”联合摄制组采访，就新中国成立 60 年以来中国引航的发展和贡献问题，回答了主持人的提问，并重点阐述了“水上国门形象第一人”的观点。

主持人：新中国成立 60 年来，中国逐渐发展成为海运大国，引航在海运大国发展中起到什么作用，主要作用体现在哪几个方面？

徐祖远副部长：中国水运 60 年的发展我们通常用 8 个字来形容：“翻天覆地、举世瞩目”。解放初期到改革开放前夕的这 30 年是“翻天覆地”，新中国成立时全国吞吐量才 1000 万吨，到改革开放初期达到 3 亿吨；改革开放 30 年是“举世瞩目”，发展的主要特征表现为吞吐量上从 3 亿吨达到 70 亿吨以上，较改革开放前增长 23 倍。

在水运业的整体发展历程中，我国引航的发展是随着港航行业的发展而逐步壮大，它所起的作用应该是这么几方面：第一，维护了我国在航运上的航权；第二，引航员的高素质保证了港区的安全和水域的清洁；第三，引航员高效率的服务，提升了港口综合服务能力；第四，引航业的发展对促进航海技术的提升也起到了重要作用。

在 30 年的引航发展历程中，我们通常会用“不可替代”来形容引航在港航生产组织活动中的特殊作用。因为没有这个环节，港口的整个生产组织将无法正常进行。从现在的引航发展状况来看，中国大陆南北 18000 多公里海岸线上有 43 个引航站，这 43 个引航站集聚着 1500 多名优秀的引航员，这些引航员每天在进出港口的船舶上提供引航服务，在航海技术服务上充分体现了港口生产组织能力和水上交通安全管理能力，引航生产任务的完成也体现了港口生产组织中的信息化程度和科技进步。

主持人：我们一直在提“海运强国战略”目标，何谓海运强国？

徐祖远副部长：随着经济的发展，特别是在我国加入 WTO 以后，在全球经济一体化的趋势中，中国整个经济发展融入世界之中的比重越来越大，所以我们适时地提出加强海运业发展的战略部署。“海运强国”作为国家发展的重要战略之一，主要体现在水运业、港口业在国家整个发展中作用越来越突出，并从以下这几方面可以印证：

（1）我国港口周边 500 公里的 60 个城市，外贸进出口的比重达到 85%，也就是说海运业如果不发展，就会影响外贸发展，进而使整个国家的经济发展速度受到影响；

（2）在物资的比重上，90% 的外贸进出口是通过海运来完成的，99% 的矿砂和 90% 以上的石油进口也是通过海运来完成的。建设海运强国战略，主要是在港口的基础设施建设上要加强，在港口的设备上需要进一步完善，在港口设备大型化、标准化方面能够满足煤、油、集装箱和矿砂运输船舶大型化的发展要求；

（3）在港口的生产组织、水上交通管制方面，用技术和信息化来确保水上安全；

（4）海洋清洁，水运方式节约能源、而且污染比较小，符合我们节约发展和清洁发展的要求。水运业能够在融合多种运输方式的联合体系中，发挥特殊的综合作用；

（5）在发展港口的同时能够带动区域的发展，对区域的社会、文化、经济以及就业结构都有积极作用，海运行业发展的带动作用也是同样的。

主持人：您曾经说过引航员是水上国门形象第一人，这句话我们应该怎样去理解？

徐祖远副部长：我说过“引航员是水上国门形象第一人”，引航员的职业特征，第一是涉外性，第二是专业性，第三是风险性。作为“流动国土”的船舶，看到的第一个行使国家主权又能够提供高质量技术服务的中国人，就是我们引航员；当船舶完成了装卸货服务后离港，送走这块“流动国土”的，最后离船的也是我们的引航员。所以引航员在船上工作期间，代表着我们引航队伍，我们海运发展的综合管理素质在他个人的引航技术活动里面体现出来。他的一言一行、一举一动都代表着我们中国人的形象，也代表着我们在维护和保障国家主权方面，中国人的一种敬业精神。因此我就把他们形容为“水上国门形象第一人”。

主持人：引航不仅仅关系到港口生产，在某种意义上更涉及到每个国家的主权，您认为两者之间的关系是什么？

徐祖远副部长：前面提到引航员的工作特征有涉外性，主要是从引航权作为航运权的一个主要组成部分衍生的。引航权在体现航运权方面最重要的特点是：引航是强制的，引航是在国外船舶进出港口和安全通过狭窄水道时提供服务的，虽然不解除船长的权利和责任，但它是强制性的。引航员提供的这种服务能够印证国家主权在引航上面的实践。引航员的行为不仅在形象上，而且在实践活动方面反映出来的，都是国家主权的一种必然行为。

主持人：您能具体给我们讲一下中国引航的服务能力吗？如每年引领中外的船舶艘次，超过万艘的引航站有几个？

徐祖远副部长：现在大陆方面有 43 个引航站，1500 多名引航员。这些引航员每天担负近 900 艘船舶的引领任务，其中大型船舶 450 艘左右。每年完成引领数量在 32 万艘次左右，其中引领上万艘次以上的港口有 8 个，保证了港口生产的顺利进行，使每一批由船舶运输来的货物能够在我国经济发展中发挥它的作用。对于一个企业，一个区域，特别是一些具体的项目都是非常重要的，应该说在改革开放以来快速发展的港口业中，引航的成绩是斐然的。

关于开展学习宣传徐祖远副部长讲话当好“水上国门形象第一人”活动的通知

二〇〇九年十二月三日

各引航站（中心）：

2009年9月25日，在新中国成立60周年前夕，徐祖远副部长在交通运输部体法司领导的陪同下，接受凤凰卫视记者采访时，发表重要讲话。徐副部长的讲话充分肯定了中国引航业对海运发展的作用与贡献，进一步明确提出引航员是“水上国门形象第一人”。11月28日协会会长办公会认真学习了徐副部长的讲话，一致认为，讲话全面回顾了中国海运60年的辉煌历程，对中国引航60年所作贡献作了全面阐述，对中国引航事业作了科学定位，为中国引航事业的新发展指明了方向，提出了新的更高要求，表达了部领导对引航事业的殷切期望，是对全国引航职工的鼓励。为此会长会议决定，结合学习科学发展观，在全国引航系统开展学习宣传徐副部长的讲话，当好“水上国门形象第一人”活动，对内提高引航职工“第一人”意识，激励职业荣誉感、使命感，练好内功，提高素质，建设一流的引航队伍；对外提高引航工作的社会认知度和社会地位，树立“第一人”形象，推进引航立法，创造和谐环境，促进引航事业发展，服务海运强国发展战略。请各引航机构按照下列要求组织学习：

（1）利用电视、板报、网络、宣讲等形式，及时将徐副部长讲话传达到全体引航职工。

（2）结合各地科学发展观的学习，组织开展“水上国门形象第一人”大讨论，主要讨论“徐副部长为什么说‘引航员是水上国门形象第一人'”？为什么说“水上国门形象第一人”是对引航工作的科学定位？其意义何在？怎样当好“水上国门形象第一人”？

（3）针对服务对象提出的问题，对照检查，找准差距，并提出整改措施。

（4）结合宣传各单位先进人物和典型事例，大力宣传徐副部长讲话精神，展示行业形象。中国引航协会将积极配合各单位学习活动开展工作，推进行业树立“水上国门第一人”形象。

（5）请各单位将学习宣传活动情况及时报协会秘书处，秘书处将通过中国引航网、《中国引航》杂志和《中国水运报》、《中国水运》杂志等媒体及时报导各地学习动态、成果，交流推广先进经验和先进典型，并在适当时机召开学习宣传经验交流会。

中国引航协会

学习徐祖远副部长9·25讲话
树立“第一人意识”建设第一流队伍

——徐祖远副部长9·25讲话解读

二〇一〇年元月

去年9月25日，在新中国成立60年前夕，交通运输部副部长徐祖远在接受中国引航协会与凤凰卫视联合采访时发表重要讲话，充分肯定了中国引航业对海运发展的作用与贡献，重点阐述了引航员是“水上国门形象第一人”的观点，不仅科学定位了中国引航事业，还为其新发展指明了方向，提出了新的更高要求，表达了部领导对引航事业的殷切期望，是对全国引航职工极大的鼓励，在全国引航界引起强烈的反响和共鸣。根据中国引航协会会长办公会决定，现在全国引航系统正热烈开展学习宣传徐祖远副部长讲话，当好“水上国门形象第一人”的活动。

为了帮助大家深刻理解徐副部长讲话的精神实质，明确“水上国门形象第一人”的内涵和外延，统一全体引航职工的思想认识，增强“第一人”意识，增强职业责任感、使命感、荣誉感，按照“第一人”的标准，建设第一流的队伍，提供第一流的服务，将学习活动引向深入，中国引航协会编写了学习宣传徐副部长讲话提纲，对徐祖远副部长讲话进行解读和剖析，供大家学习时参考。

讲话深思熟虑，是对中国引航 60 年发展的权威总结

徐祖远副部长分管全国水运及引航工作，直接领导了中国引航体制改革，对中国引航业的发展及现状十分清楚，对引航业和中国引航协会的工作十分关心。他当过远洋船长，对世界各国引航员都有接触和了解，对引航员的工作十分熟悉，有着深厚的感情。中国引航协会筹建以来，徐祖远副部长多次出席相关会议，对引航业发展作出过重要指示，对引航工作予以充分肯定。这次讲话是在全面总结新中国成立 60 年海运发展的大背景下进行的。他的讲话是经过深思熟虑，代表交通运输部领导对中国引航 60 年所做的最为全面的一次评价，一个权威性的总结，是对引航事业在海运发展乃至对外开放过程中的作用和地位的一次科学定位，全面、完整、具体、阐述深刻，表达了部领导对引航事业的殷切期望，对引航业的发展具有重要的指导意义。

从“水上国门形象第一人”口号的演变过程来看，徐副部长是经过反复推敲的。中国引航协会成立以前，媒体在宣传引航工作时，往往称

引航员为“国门第一形象”；在中国引航协会成立时，徐副部长在使用这一个词语时，特别加上“水上”二字，将引航员的职能限制在“水上”，显得更严谨，更科学，更符合引航员的职业特点；此次又将这一提法改为“水上国门形象第一人”，使这一概念的内涵和外延更明确，更符合引航员的职业特点，既受到广大引航职工欢迎，又能为社会各界所接受。因为海事、海关、边防、国检等政府部门都可以说是水上国门形象，但说“第一人”，那无疑就是引航员。

“水上国门形象第一人”论述包含了四个层面

徐祖远副部长不仅提出“水上国门形象第一人”，而且还对这一提法作了全面阐述，将“水上国门形象第一人”的象征意义上升到丰富全面的新境界，涵盖了引航队伍的精神面貌、技术素养、管理素质的各个层面。深刻理解这一论述，需要全面领会全篇讲话的精神，从四个方面来把握：

一是从引航员工作的性质和特点上看。徐祖远副部长说：“引航员的职业特征，第一是涉外性，第二是专业性，第三是风险性。作为‘流动国土’的船舶，看到的第一个行使国家主权又能够提供高质量技术服务的中国人，就是我们的引航员；当船舶完成了装卸货服务后离港，送走这块‘流动国土’的，最后离船的也是我们的引航员。所以引航员在船上工作期间，代表着我们引航队伍，我们海运发展的综合管理素质在他个人的引航技术活动里面体现出来。他们的一言一行、一举一动都代表着我们中国人的形象，也代表着我们在维护和保障国家主权方面，中国人的一种敬业精神。因此我就把他们形容为‘水上国门形象第一人’。”这一段话内容丰富，言简意赅，可以说是字斟句酌。过去我们常说，外国船舶到达中国港口，见到的第一个中国人是引航员，送走外国船舶的最后一个人也是引航员。徐祖远副部长在船舶前加了“流动国土”四字，强调引航工作的涉外性，从国与国之间的交往来看引航员的工作；在“第一个中国人”中间，徐祖远副部长加了很长一个修饰：“行使国家主权又能够提供高质量的技术服务”，说明引航员不仅是一个守门人、一个领路人，而且是提供高技术服务的人。所谓水上国门，是主权之门、安全之门、科技之门。徐祖远副部长的讲话还点明引航员“个人”独立工作特点，并把引航员“个人技术活动”与国家整个海运发展的综合管理素质、与中国人的敬业精神联系起来。读完这段话，“水上国门形象第一人”就鲜明地站立起来了。

二是从引航工作与海运事业发展的关系上看。徐祖远副部长用“不可替代”来形容引航在港口生产组织活动中的特殊作用。“因为没有引航这个环节，港口的整个生产组织将无法正常进行。”在港口生产中，引航是第一个环节，也是最后一个环节，是连接船舶和港口的纽带。港口开放，首先是对船舶开放，物流物流，船舶首先要能流动起来，这些都需要引航员首先把船舶引进来。引航员是港口生产的先行官、第一环，是港口发展的核心生产力。

三是从国家对外开放与海运发展的关系上看。徐祖远副部长说，“我国港口周边 500 公里的 60 个城市，外贸进出口的比重达到 85%，也就是说海运业如果不发展，外贸也不可能发展，外贸如果不发展，整个国家的经济发展速度就会受到很大影响；在物资运输的比重上，90% 的外贸进出口是通过海运来完成的，99% 的矿砂和 90% 以上的石油进口也是通过海运来完成的。‘海运强国’作为国家发展的一个重要战略，它主要是在国家整个发展中海运业、港口业的作用越来越突出的情况下提出来的”。海运发展在国民经济发展中占有重要的地位。而海运要发展，引航须先行，引航在国民经济和对外开放中的作用不容忽视。

四是从新中国成立 60 年引航业对港航业发展的四个作用看。徐祖远副部长指出，“在海运业的整体发展中，我国引航业的发展是随着港航行业的发展而发展的，它所起的作用应该是这么几方面：第一，维护了我国在航运上的航权；第二，引航员的高素质保证了港区的安全和水域的清洁；第三，引航员高效率的服务，提升了港口综合服务能力；第四，引航业的发展对促进航海技术的提升也起到了重要作用。”其中，引航业对中国航海技术的提升作用，是首次明确提出的。

科学定位中国引航业意义深远

一个行业在社会政治经济中的定位，对行业发展具有十分重要的意义。纵观世界上海运发达的国家，无不重视发展引航事业。西方国家早在 1618 年就有了比较完善的引航法规。1840 年鸦片战争，列强用坚船利炮轰开了中国大门，逼迫中国五口通商、门户开放。其中《五口通商章程》第一款，就是关于允许英国商船进出中国港口由英国商船自行雇佣引水。在某种意义上讲，中国沦为殖民地半殖民地，就是从丧失引航权开始的。而清朝政府丧失引航权，一方面是由于政府腐败无能，另一方面，也由于清朝政府根本不了解引航在国民经济中的重要地位，不重视引航工作，而将引航管理权作为一件麻烦事拱手相送。

新中国成立以来，我国从一个海运落后的国家发展成为世界海运大国，国家对引航业地位和作用的认识有三次大的飞跃，带来了引航业的三次大发展。新中国成立初期，国家把引航作为港口的一项对外管理职能，收回引航权，隶属于港务局的港务监督部门，为引航业的独立发展打下了基础；在全国港口对外开放初期，全党全国工作的重点转移到以经济建设为中心，引航业实现了由港口管理职能向港口服务职能的飞跃，全国引航从港监脱离出来，成立引航站，划归政企合一的港务局领导，直接为港口的生产服务，标志着中国引航业作为国家对外开放重要窗口、连接世界经济的桥梁，开始进入了一个新的历史时期；第三次在建设社会主义市场经济条件下，引航业实现了由主要为大型港口企业服务向为各家港口企业提供公共服务职能的飞跃。引航机构成为具有独立法人资格，独立为中外船舶提供公开、公平、公正的引航服务机构。伴随着第三次飞跃的实现，中国引航事业正在逐步进入世界引航界的先进行列。当前，我国正实施“海运强国战略”，徐祖远副部长就引航业的发展发表重要讲话，对引航业作出明确定位，这对引航事业的发展至关重要。

——引航业事关“国门”，必须坚持一港一水一引航的原则，实行专营，同时建立引航员个人之间的竞争激励机制，并加强社会监督；

——引航是海运和港口发展“不可替代”的关键环节，具备维护主权、保障安全、提供服务和促进航海技术发展四大功能，坚持改革开放，建设海运强国，必须优先发展引航事业；

——“水上国门形象第一人”的论述，特别明确了引航员“第一人”的地位。引航员既是“第一人”，又是“一个人”，集“涉外性”、“专业性”、“风险性”于一体，是引航服务的主体，港口生产的核心生产力，是国家宝贵的人力资源。国家应制定相关政策予以保护，主管机关和引航机构则要把建设一流的引航员队伍作为引航发展的第一要务，全体引航职工特别是引航员则要增强“第一人”意识，担当起“第一人”的责任，提供第一流的服务。

关键要树立第一人意识，建设一流引航员队伍

安全是引航工作的灵魂，服务是引航机构的立足之本。徐祖远副部长的讲话对引航业发展意义重大，也提出了新的更高要求。结合学习科学发展观和部交通工作会议精神，开展学习宣传徐副部长讲话精神，当好“水上国门形象第一人”的活动，内强素质，外树形象，很有必要。

首先，全国引航系统要抓好内部学习宣传活动，特别是领导要带头学习领会。要运用各种形式，广泛宣传和学习徐副部长的讲话，使全体引航职工了解讲话的精神实质，明确“水上国门形象第一人”的内涵和

外延，提高引航员的“第一人”意识。全国引航系统要联系实际，开展“水上国门形象第一人”大讨论，重新审视一下我们的工作，看看有什么差距，进一步完善我们的发展规划和人生目标，练内功，强素质，建设一流的引航员队伍。今年中国引航协会将组织一次形象问卷调查，了解引航员形象的自我认知度和社会认知度；举办“水上国门形象第一人”论坛，总结交流经验，内比素质，外比形象，推广先进；组织修改引航员职业道德纪律规范和服务承诺。

其次，要开展形象自查，建立社会评价体系，经常给自己“照镜子”。要树立是不是“水上国门形象第一人”，服务对象说了算的意识，自觉接受社会监督，坚决克服行业不正之风，提高引航服务能力和服务水平。中国引航协会计划组织推行上海和长江“引航员与船长信息交流”制度，宁波和汕头引航站推行诚信服务建立诚信档案制度，促进各地引航员激励竞争机制的建立；在交通运输部有关司局的指导下，会同中国船东协会、中国港口协会和中国船舶代理及无船承运人协会，定期对全国引航服务进行评议。

最后，要以徐祖远副部长讲话为指导，加大对外宣传力度。通过中国引航网、中国引航杂志和行业媒体，运用多种形式，宣传徐副部长的讲话精神，宣传学习动态，宣传引航行业，宣传先进典型，提高引航业的社会认知度和社会地位，叫响“水上国门形象第一人”的口号。推进引航立法，深化引航体制改革，创造和谐环境，促进引航发展。同时要组织引航职工书法绘画摄影展，举办多种文体竞赛活动，多侧面展示引航职工风采。

中国引航协会

交通运输部关于“十二五”期全国交通运输行业学习姚泽炎同志的决定

交政法发［2010］734号

二○一○年十二月十日

各省、自治区、直辖市、新疆生产建设兵团交通运输厅（局、委），天津市市政公路管理局，天津市、上海市交通运输和港口管理局，部属各单位，部内各单位，有关交通运输企业：

姚泽炎，中共党员，长江海事局引航中心南通引航站高级引航员。他忠于祖国，爱岗敬业，甘于奉献，备受港航企业和沿江地方政府的好评，被誉为长江上的“金牌引航员”和“水上国门形象第一人”，全国五一劳动奖章获得者，先后荣获全国先进工作者、全国十佳引航员等荣誉称号。

姚泽炎同志1985年从武汉河运专科学校海港引航专业毕业后，一直工作在长江引航第一线。25年来，他牢记服务宗旨，恪尽职业操守，坚持安全至上，为“把世界引进长江，把长江引向世界”贡献了青春和力量。他胸怀对党和国家的无限忠诚，在“外轮浮动的异国国土”上，用一言一行维护祖国的尊严。他采集并牢记潮汐、气象、航道、水流、码头等数千个长江沿线数据，熟悉各类船舶的性能特点，达到了“船在心中”、“船人一体”的忘我境界，屡次避免灾难性事故发生，实现了安全引航、精细引航。他刻苦钻研雷达、电脑软件应用、驾引、心理、水文、气象、英语等新技术新知识，结合长江航道地形复杂、潮汐多变的实际，创造了“姚泽炎安全引航操作法”等十余项技术成果，创造出在狭窄、弯曲、复杂的内河航道上把吃水最深、船体最宽、船身最长、吨位最大、上部建筑最高的船舶安全引领进出长江的五项记录，在中国引航界获得高度赞誉。他认真践行“三个服务”理念，想船东货主之所想、急港口企业之所急，多次在关键时刻帮助港航企排忧解难，圆满完成各类船舶的特殊引航任务，成为沿江发展大船经济的一枚可靠“图章”，是长江对外开放的排头兵。他每年工作达 340 多天、每天工作 10 多个小时，舍小家顾大家，为船东和港口创造了数以亿计的经济效益。25 年来，他安全引领 60 多个国家和地区的船舶 6000 多艘次，引航里程达 63 万多公里，相当于绕地球 15 圈，实现了连续 25 年安全零事故、行风零投诉。

姚泽炎同志是继孔祥瑞、杨庆文、高发明等先进典型之后，全国交通运输行业近年来涌现出来的又一个重大先进典型，是新时期引航员的优秀代表，是交通运输行业广大干部职工学习的榜样。他的先进事迹，充分体现了共产党员深入学习实践科学发展观、立足岗位创先争优的良好精神风貌，体现了交通运输职工热爱祖国、奉献交通的崇高理想，体现了引航员安全至上、文明服务的职业道德精神。广泛学习宣传姚泽炎同志的先进事迹，对于引导和激励广大交通运输干部职工积极参与“创先争优”，广泛开展“学先进、树新风、建体系、创一流”活动，努力提高“三个服务”的能力和水平，发展现代交通运输业、实现“十二五”交通运输新跨越，具有十分重要的意义。部决定，在全国交通运输行业广泛开展向姚泽炎同志学习的活动。

向姚泽炎同志学习，要学习他胸怀理想、忠于祖国的爱国精神，以实际行动维护国家主权和尊严，展示礼仪之邦的文明风范和交通运输行业的良好形象；要学习他爱岗敬业、追求卓越的进取精神，忠于职守，精益求精，在工作岗位上建功立业；要学习他勇于探索、敢为人先的创新精神，在交通运输发展实践中发挥聪明才智，用创新技术和实干魄力破解发展难题；要学习他任劳任怨、竭诚服务的奉献精神，不惧危险，不图私利，为交通运输事业拼搏奉献。

各地区、各部门、各单位要把开展向姚泽炎同志学习活动作为健全科学发展观长效机制、提高“三个服务”能力和水平的一项重要举措，作为“学先进、树新风、建体系、创一流”活动的一项重要内容，加强领导，精心组织，狠抓落实。开展向姚泽炎同志学习活动，要注意与开展“创先争优”活动结合起来，与建设交通运输行业核心价值体系结合起来，与组织实施文化建设“十百千”工程结合起来，与学习孔祥瑞、杨庆文、高发明等先进典型活动结合起来。要运用新闻媒体和各种形式，广泛宣传姚泽炎同志的先进事迹，鼓励和引导广大职工见贤思齐、创先争优，营造学习先进、争当先进的舆论氛围。在学习活动中，广大干部职工要结合自身工作特点，从自我做起，从现在做起，干一行，爱一行，钻一行，精一行，争当一流职工，争创一流业绩，为“十二五”开好局、起好步打下坚实基础，为转变发展方式、发展现代交通运输业建功立业。

交通运输部

附件：

水上国门形象第一人
——姚泽炎同志先进事迹

年均工作340多天，日均工作10多个小时，25年内安全引领60多个国家和地区的外轮6000多艘次进江出海，航程63万公里，相当于绕地球15圈。长江引航中心南通引航站高级引航员姚泽炎，敬业爱岗，甘于奉献，不辱“国门第一形象”，备受港航企业好评，当地政府称他为“沿江对外的一面鲜艳的旗帜”。

引航技艺精湛让外轮折服

46 岁的姚泽炎 1985 年毕业于武汉河运专科学校海港引航专业，长期在水上经受风吹日晒雨淋，面庞黝黑，两鬓泛白。讲起引航，平时少言的他侃侃而谈，总带着憨厚的笑。

长江引航中心主任汪吉发介绍，外轮进出中国港口，因为国家主权及安全因素，必须实施强制引航，引航员被称为船长的“船长”。姚泽炎就是中国 1688 名引航员中的优秀代表。

长江江苏段是世界上通航密度最大的水域之一，平均每分钟船舶流量 3.5 艘次，进江外轮日均超过百艘次。险象环生的通航形势往往让外籍船长“望而却步”。

2010 年 8 月中旬的一个下午，记者随姚泽炎冒着 40 摄氏度高温，爬上停泊在江苏南通市狼山锚地的马来西亚籍“莫特拉”号巨轮。这艘 4 万吨级的海轮载有 1.5 万吨乙醇，要到南通江海油库码头卸载。在离水面 40 多米高的驾驶舱内，看到密集的周边航船，印度籍船长高伊莫紧张得手足无措。“左满舵、慢车、微速进、停车、航向 165……”姚泽炎淡定从容，一连串指令发出，几次危险的情形都被化解。引领着马来西亚“莫特拉”号巨轮左闪右躲，穿越如“过江之鲫”般的船阵……2 个多小时后，巨轮稳稳停在码头，高伊莫船长激动地竖起拇指：“技术太精湛了，佩服！”

姚泽炎高超的驾引技术多次帮助轮船转危为安。2003 年 4 月 10 日，他登上 161 米长的巴拿马籍“隆福”轮，这艘老旧巨轮船龄已有 30 年，姚泽炎要求事先备好双锚以备不测。当船行至上海宝山北水道 73 号浮标时，全船突然停电导致失控。此时航道狭窄，两边是浅滩，航速 22

公里/小时，四周船舶密集，外籍船长惊惶失措。姚泽炎让船员紧急抛下双锚，制动，减速，迅速稳住船体，由于节省了从生活区跑到船头备锚的宝贵的5分钟，避免了一起船毁人亡的惨剧，一身冷汗的外籍船长发出了由衷的赞叹。

姚泽炎负责引航的长江吴淞口到南京段全长300多公里，地形复杂，潮汐多变。他刻苦钻研驾引、心理、水文、气象、英语等知识，创出“6321引航操作法”等多项技术，屡次避免灾难性事故发生；采集并牢记沿线的潮汐、气象、航道、水流、码头等数据数千个，南通引航站站长葛剑平说他是“活海图”；记录的航海日记堆起来有一米多高，成了长江引航的“百科全书”。引航员王强评价姚泽炎的引航技术“炉火纯青、人船合一”，他能准确判定船位，判断会船、追越时间甚至精确到每一分钟。

竭诚服务替港航企业分忧

“把世界引进长江，把长江引向世界”是长江引航中心的宗旨。“姚泽炎为港航企业竭诚服务，急他人之所急，已成为长江引航业的标杆。”引航中心党委书记沈祥法说。

2001年2月22日，姚泽炎执行任务时摔成了膑骨骨裂，为避免调换引航员耽误船期，他强忍剧痛坚持把韩国籍“安克丸”轮从太仓港引出长江，又将巴拿马籍“希望艾斯”轮从上海引至南通，耽误20多小时，最后被迫住院治疗。面对妻子的责怪，他说：“两艘巨轮耽搁一天船期费就要10万美金，何况码头商还在等货。”为外轮着想，姚泽炎克服困难、无数次加班加点，据不完全统计，仅此一项，姚泽炎已为中外港航企业创造收益、避免损失上亿元。

姚泽炎常在关键时刻帮企业排忧解难。2008年11月中旬，载有4万吨菜籽的香港籍“河北胜利”轮，因风大浪高，抛锚在上海宝山水域，多日无法进入南通营船港。该轮长243.8米，吃水10.15米，按常规超过225米长度、8米吃水的船不能进港。姚泽炎接下任务后，3次主持专家论证会，最后确定“选择9米以上深槽、在潮高2.5米以上时通过浅滩”的方案，引领外轮顺利抵港。货主南通一德实业有限公司副总经理陈刚激动地对记者说：“这对我们真是雪中送炭啊！”

目前长江上最宽、最长、最高、吃水最深、吨位最大的船舶引航纪录，都是姚泽炎创造的。南通港口集团党委书记徐惠香说，只要有新造大船试航、修理巨轮出海、大吃水巨轮进港、专用航道开辟、新建码头论证等，都请姚泽炎参与论证和操作，他从不推辞。“姚泽炎说行，我们才能放心！”

“南通对外贸经济的依存度超过40%。姚泽炎是我见过的最优秀的引航员，他是‘长江对外开放的排头兵’，对南通经济发展作出了重大贡献。”南通市副市长沈振新对记者说。

大气包容彰显人格魅力

姚泽炎被大家称为“绅士引航员”，用他徒弟的话来说：他的宽厚包容、平和善良总是在工作生活中自然表现出来。

有一次，船舶航行于苏通大桥水域，正值船下水高峰流，过江的小船就像是赶鸭子一样。当时徒弟心里都急了，恼怒的在高频电话中大声喊叫起来：“这个地方禁止过江，不要抢大船船头！”见状，姚泽炎立马抓住徒弟的高频电话，接过话茬，语气委婉地对过江小船说道：“过江船舶请注意，请抓紧时间过江，上水海轮慢车让你们。”听了这话，小船主们也不像先前那么抢道了，大船顺利驶过苏通大桥。姚泽炎语重心长地对徒弟说：“小船不会无缘无故抢你的头，多谦让一点，就多一分安全。”

在方寸之间的驾驶台前，姚泽炎充分展现了中国人独特的儒家风范。姚泽炎一上船，便能与国外船员们一见如故，即便是看到又破又慢的老旧船也从不会发牢骚。“除去浮躁，才能做好引航员，不管什么船，我上去后就有一种融入家的感觉。”姚泽炎说。有时，远航的国外船员历经台风，身心都承受很大的压力，说话会粗野一点，而姚泽炎总是彬彬有礼，声音总是很柔和，以一种海纳百川的心态来融化对方。有时，有的外国船长会有些特殊的体味，年轻的引航员可能会表现出烦躁，但他不，他依然是彬彬有礼、泰然自若。

“有了爱心就会时时为他人和他船着想，也就能心平气和地做好自己的工作。”姚泽炎对徒弟说。除了教徒弟做人的道理，他也很注重团队合作，利用“传——帮——带”的方式毫无保留地帮助身边的每一个人。“南通引航站几乎每个引航员都接受过姚师傅的指导，他亲手带出来的徒弟就有20多个。”已经成为全国青年岗位能手的姚泽炎徒弟方剑波对记者说，“姚师傅勤奋好学，喜欢发明创造，不断推陈出新，每一次都会将‘小窍门’无条件地教给我”。

生活中，姚泽炎是一个低调平和的人，脸上始终挂着一丝略带羞涩的淡定笑容。上级发给他5000元奖金，他默默捐给了贫困学生；宿舍单元楼下电动门锁坏了，出航归来的他不声不响地修好；社区有什么要求，只要时间许可，他都会积极响应。

沿江外轮激增，引航员常常超负荷工作而无暇顾及小家。姚泽炎太忙了，作息时间总是黑白颠倒，面对家庭他有太多的遗憾。妻子陈青由埋怨变得理解，她说：“他有他的责任和使命，我们家属应该顾全大局，让他们为国家安心引航。”

维护尊严不辱“水上国门第一形象”

引航员是迎送外轮进出中国港口的第一个和最后一个中国人，因此被称为“水上国门第一形象”。在外轮“浮动的异国国土”上，姚泽炎充当着“形象大使”，一言一行都在维护着祖国的尊严。

上船作业前，他总将引航制服和头发弄得整整齐齐，进入外轮生活区和驾驶室，脱下手套以免弄脏扶梯和门把手，吃饭时刀叉尽量避免与碗碟碰撞发出声音，在外籍驾驶员、舵工完成口令后向对方说“谢谢”。徒弟方剑波说，姚师傅经常告诫他们登上外轮要“入乡随俗”，如上俄罗斯船，进餐前要将外套挂在餐厅外；上韩国船，必须赤脚踏在地板上，即便天再冷也要如法炮制；伊斯兰国家的船在11月斋戒月不开火做饭，就吃方便面和面包充饥……

涉及到国家主权等原则性问题，姚泽炎决不妥协。2008年11月8日，他为希腊籍“山姆友好号”轮引航，看到主桅杆居然没按国际规则悬挂中国国旗和引航旗，这是对一个主权国家尊严的侮辱！“如再不悬挂，我将抛锚停航并交主管机关调查处理。”姚泽炎义正词严。在严厉的交涉下，外籍船长终于将旗升起。他对记者说：“我们每次引航，展示的都是一个正在崛起的大国形象。”

姚泽炎的引航背包里，总装着一面五星红旗，无数次引航中，看到外轮上中国国旗褪色或破损，他都要求船方换上这面崭新的旗帜。2008年11月29日，老姚在上海宝山登上一艘驶向南通的意大利籍“格雷”号散货船，发现主桅上五星红旗已经褪色并撕裂，他坚决要求外籍船长立即更换，船长只得应允，却没有备用的五星红旗。当老姚从包里取出一面崭新的五星红旗后，惊愕的船长破例亲自将这面红旗升上了桅杆。

姚泽炎在业内被称为“金牌引航员”，是全国五一劳动奖章获得者，还先后荣获长江黄金水道服务标兵、全国十佳引航员、全国先进工作者等荣誉称号。姚泽炎25年如一日敬业、进取、奉献的作风，正成为长江全线创先争优的精神引擎。

关于在全国引航系统深入开展学习姚泽炎同志活动的决定

二○一○年十二月二十三日

各引航机构：

近年来，全国引航职工认真贯彻部党组“三个服务”精神，以科学发展观为指导，维护主权，确保安全，精心引领，服务港航，为促进我国港口事业和国民经济发展、为实现部党组由海运大国走向海运强国战略作出了重大贡献，涌现了一批具有时代特征、行业特色的先进模范人物。长江引航中心南通引航站高级引航员姚泽炎同志就是其中的杰出代表。

姚泽炎同志，1985 年毕业于武汉河运专科学校海港引航专业，25 年来一直从事一线引航工作，以“把世界引进长江、把长江引向世界”为已任，共引领来自 60 多个国家的船舶 6000 多艘次，其中特殊困难船舶 900 多艘次，引航里程 63 万公里，引领船舶总吨位 6000 多万吨，为沿江经济和黄金水道建设的发展带来数亿元计的社会效益，被称为“长江功勋引航员”；他对技术精益求精，在船舶密度最大的长江江苏段引航 25 年无事故，技艺精湛，创造了多项长江引航新记录，为同行所称道，为外轮船长所折服；他带领技术小组潜心研究的“引航安全操作十字诀”，在长江全线推广，为长江航运技术发展作出了重要贡献；他多次临危不惧，排除重大险情，避免了灾难性事故的发生。他先后荣获全国交通系统劳动模范、江苏省十佳文明职工、长航十大杰出人物、长江黄金水道服务标兵、全国交通行业职工标兵、全国十佳引航员、新中国成立 60 年感动交通人物、全国十大杰出船员等称号，2006 年荣获全国五一劳动奖章，2010 年荣获全国先进工作者，并受到党和国家领导人亲切接见。他的事迹感人至深，反响强烈，展现了引航职工艰苦奋斗、勇创一流的坚强意志，忘我工作、献身事业的高尚情操，与时俱进、拼搏创新的时代风貌，在长江航运系统和全国引航系统广为传播，并受到国际引航界的尊重。姚泽炎同志不愧为中国引航员的杰出代表，时代先锋，行业楷模。

国务院领导指示，要在全国交通运输系统树立和宣传姚泽炎这个先进典型，交通运输部决定把姚泽炎作为“继孔祥瑞、杨庆文、高发明等先进人物之后的又一个重大先进典型”，在全国交通运输行业广泛开展向姚泽炎同志学习的活动。广泛学习宣传姚泽炎同志的先进事迹，对于引导和激励全国交通运输干部职工参与创先争优，广泛开展“学先进、树新风、建体系、创一流”活动，努力提高“三个服务”能力和水平，发展现代交通运输业，实现“十二五”交通运输新跨越，具有十分重要的意义，对于扩大引航行业的社会知名度，建设世界一流的引航队伍，也具有十分重要的意义。交通运输部领导多次指示中国引航协会在全国引航系统开展学习姚泽炎同志的活动，并协助交通运输部做好姚泽炎同志的宣传工作。全国交通运输系统学习宣传姚泽炎，这是中国引航员的光荣，是中国引航行业的骄傲。我们引航系统理应走在全国交通行业的前列。因此，协会决定：积极响应交通运输部决定，在全国引航系统广泛深入开展学习姚泽炎同志的活动。

向姚泽炎同志学习，要学习他胸怀理想、忠于祖国的爱国精神，以实际行动维护国家尊严和主权，展示礼仪之邦的文明风范和“水上国门形象第一人”的良好形象；要学习他爱岗敬业、追求卓越的进取精神，忠于职守，精益求精，在引航岗位上建功立业；要学习他勇于探索、敢为人先的创新精神，在引航实践中发挥聪明才智，用创新技术和实干魄力破解发展难题；要学习他任劳任怨、竭诚服务的奉献精神，不惧危险，不图私利，为港航企业和交通运输事业拼搏奉献。

各引航机构要认真传达学习国务院领导关于学习宣传姚泽同志的指示，传达学习交通运输部关于学习姚泽炎同志的决定，深刻认识姚泽炎这位先进典型重大时代意义，把开展向姚泽炎同志学习的活动作为健全科学发展观的长效机制、提高“三个服务”能力和水平的一项重要举措，作为“学先进、树新风、建体系、创一流”活动的重要内容，根据上级和中国引航协会的统一部署，精心组织，狠抓落实；要运用各种形式，广泛深入宣传姚泽同志的先进事迹，认识姚泽炎先进事迹的精神实质，提炼中国引航精神，建设中国引航行业核心价值体系；要把学习姚泽炎同志活动同宣传学习各单位的先进典型结合起来，创先争优，营造学习先进、争当先进的舆论氛围；要把树立和宣传姚泽炎当作全行业的事情，按照部党组的统一部署，积极参加、支持和配合新闻媒体，广泛宣传姚泽炎同志的先进事迹，宣传引航，共同打造中国引航服务品牌。全体引航职工要积极行动起来，争当学习和宣传姚泽炎同志活动的先行者，以姚泽炎同志为榜样，比职业态度、比技术水准、比服务精神，比贡献业绩，建设一流队伍，提供一流服务，创造一流业绩，当好水上国门形象第一人，为实现“十二五”发展目标，建设现代引航事业建功立业。

中国引航协会

交通运输部副部长徐祖远在全国引航系统省部级以上劳模座谈会上的讲话

二〇一一年十月十八日

各位劳模代表、同志们：

金秋十月，天高气爽。全国引航系统省部级以上的劳动模范、先进工作者齐聚交通运输部，共同回顾新中国引航事业发展的辉煌历程，总结中国引航精神，共商中国引航发展大计，这是一件很有意义的事情。对于弘扬劳模精神，推进引航系统乃至全国交通运输行业的创先争优活动，为实现交通运输行业在“十二五”期间的跨越式发展有重要意义。我很高兴同大家见面，并代表交通运输部党组和李盛霖部长看望大家，向全体劳模表示热烈欢迎和崇高的敬意！对大家长期以来以来对中国引航事业和交通运输事业所作的重要贡献表示衷心感谢，并借此机会，向全国引航职工表示亲切问候！

劳模是劳动模范和先进工作者的简称，是社会主义建设事业中成绩卓著的劳动者。劳模是经职工民主评选，有关部门审核和政府审批后被授予的荣誉称号。劳模是是民族的精英、国家的栋梁、社会的中坚、人民的楷模。在新中国的光辉历史上，劳模始终走在社会主义现代化建设和改革开放的最前列，是推进我国先进生产力和先进文化发展的代表，是当之无愧的时代领跑者。党和国家领导人高度评价劳模的丰功伟绩与社会作用。1950 年，毛泽东同志在第一次全国劳动模范代表大会上，赞扬全国劳动模范“是全中华民族的模范人物，是推动各方面事业前进的骨干，是人民政府的可靠支柱和人民政府联系广大群众的桥梁”。1978 年 10 月，邓小平同志在中国工会第九次全国代表大会致词中，充分肯定劳动模范“至今还是我们学习的榜样和团结的核心”。2000 年 4 月，江泽民同志在全国劳动模范和先进工作者表彰大会上指出：“全国劳动模范和先进工作者是建设社会主义物质文明和精神文明的先锋，他们的思想和行动，体现了中国工人阶级的高贵品格，他们不愧为我们民族的精英、国家的脊梁、社会的中坚和人民的楷模”。胡锦涛同志在全国劳动模范和先进工作者表彰大会上的重要讲话中强调：“要在全社会广泛宣传劳动模范和先进工作者的先进事迹、优秀品质、高尚精神，给他们以应有的光荣和地位，推动全社会进一步尊重劳模、关心劳模、学习劳模、争当劳模，让劳模精神不断发扬光大。”这些充分体现了我们党和国家对劳动者的重视和对劳模精神的充分肯定。

60 多年来，伴随着新中国前进的步伐，在引航员这支不大的队伍中，在不同的历史时期，共涌现了 31 名省部级以上的劳模和大量的地市级劳模，按人数比例计算，在全国各行业中绝无仅有。新中国评了 12 次全国劳模，其中 6 次引航员榜上有名；有的劳模还是全国人大代表或党的全国代表大会代表，有的登上天安门参加国庆观礼，有的成为感动全国交通人物和全国交通行业学习的榜样。这些是中国引航业的光荣，体现出引航事业在社会主义建设和发展中的重要地位和作用，说明中国引航员是一支高素质的精英团队。

引航是港口开放和生产中一个不可替代的环节。引航员是“水上国门形象第一人”。作为“流动国土”的船舶看到的第一个行使国家主权又能够提供高质量技术服务的中国人就是我们的引航员，当船舶完成了装卸货服务后离港，送走这块“流动国土”，最后离船的也是我们的引航员。引航员代表着我们引航队伍，代表着中国海运发展的综合管理素质，代表着中国人的形象。新中国从一个水运落后的国家发展成为世界第一水运大国，中国引航在维护航权、保障安全、服务港航和发展中国航海技术方面发挥了不可替代的作用。今天参加座谈会的各位劳模都是中国引航员的杰出代表、时代先锋、行业楷模，成就卓著，有的还是港口引航的第一人和开创者。长期以来，你们以“把世界引进中国，把中国引向世界”为己任，艰苦奋斗、勇于担当、开拓创新，以高超的技术赢得中外船长的高度尊重，以优质服务赢得中外航运界的高度信赖，对中国港口发展和中国引航事业起到了重要作用，用万船轨迹在共和国的旗帜上写下了引航员的风采。你们的名字和业绩将永远载入中国引航史册！交通运输部党组和领导感谢你们，全国引航系统乃至交通运输行业都要向你们学习。

虽然每一个时代的劳模都有其特点，但无论时代如何变迁，劳模精神永远不变，那就是主人翁责任感和艰苦创业精神，忘我的劳动热情和无私奉献精神，良好的职业道德和爱岗敬业精神，这些过去是、现在也仍然是不变的劳模精神。我们就是要学习劳模爱岗敬业、为国为民的主人翁精神，争创一流、与时俱进的进取精神，艰苦奋斗、艰难创业的拼搏精神，勇于创新、不断改进的开拓精神，淡泊名利、默默耕耘的“老黄牛”精神，甘于奉献、乐于服务的忘我精神，紧密协作、相互关爱的团队精神；就是要学习劳模用科学理论和现代科学知识武装自己，不断提高思想道德水平和科学文化素质，成为优秀的社会主义建设者。

“十二五”时期仍然是我国水运发展的重要机遇期。交通运输作为国民经济基础性和先导性产业的战略地位没有变，水运具有运量大、能耗低、占地少、污染轻的比较优势，“十二五”规划明确把发展水运业列为积极发展的重要任务，内河水运发展已上升为国家战略；国家实施海洋经济发展战略，海洋运输成为海洋经济发展的重点。国际航运重心在逐步向亚洲特别是东亚转移。国际化、工业化、城镇化等深入发展，国民经济持续平稳较快发展，区域经济协调发展，为我国水运需求提供了长期的支撑。我国水运的竞争力、抵御风险的能力也在不断增强，国际航运中心建设等产业政策环境将会得到不断改善，相比其他国家，我国水运发展的空间仍然较为广阔。以劳模为榜样，努力培养一支与世界海运强国相适应的优秀引航员队伍，以适应水运行业快速发展，是部党组交给港航系统、特别是引航系统的一项政治任务。

今天我们召开劳模座谈会，就是要倡导全体引航职工学习劳模、尊重劳模、关爱劳模、崇尚劳模、争当劳模，用劳模精神引领交通运输系统深入开展创先争优活动，不断推进行业精神文明建设。借此机会，我提几点希望：

一是希望全国引航系统用劳模精神引领创先争优，抓紧培养姚泽炎式的优秀引航员队伍。各引航中心也要科学规划、制订措施、扎实推进。交通港航主管部门要予以重视和支持，要运用各种形式宣传劳模的先进事迹，营造学习劳模、争当劳模的舆论氛围；要把开展向劳模学习活动作为健全科学发展观的长效机制、提高“三个服务”能力和水平的一项重要举措，作为“学先进、树新风、建体系、创一流”活动的重要内容，精心组织，狠抓落实；要引导全体引航员以姚泽炎等劳模同志为榜样，比职业态度、比技术水准、比服务精神，比贡献业绩，建设为世界一流队伍，提供一流服务，创造一流业绩。

二是希望各引航机构和主管部门关心和照顾好劳模。在复杂的水域驾驶大型船舶是极为繁重的工作，既要有精湛的驾驶技能，更要有良好的心理素质和强健的体能作保障。要加快引航基础设施建设，配备安全便捷的交通工具，满足船舶在恶劣天气或紧急情况下对引航服务的要求，确保一线引航员的生命安全；合理布局和建设引航作业基地，为引航员提供必要的学习和休息场所，确保引航员能得到足够的休息，以缓解巨大的心理压力并消除疲劳，保持良好的身体状态。劳模同志本人也要处理好工作和保证适当休息的关系，以利于航行安全。对于退出工作岗位的劳模，要在生活上给予更多的关心和尊重，让他们真正享受应有的光荣和地位。

三是希望全体劳模珍惜荣誉、戒骄戒躁，发扬成绩、再接再厉，在建设海运强国的征途上为祖国、为人民、为民族再立新功。希望老一辈的劳模同志保重身体，继续关心和支持引航事业的发展。

四是希望相关部门根据引航体制改革后出现的新情况，注意在引航员队伍中培养新的劳模，宣传他们的事迹。引航是一个很重要的行业，但社会知名度还不高，希望通过对劳模的宣传，使大家对引航有更多的了解。榜样的力量是无穷的。让我们在科学发展观的引领下，深入贯彻落实国务院和交通运输部领导指示精神，大力弘扬“劳模精神”，开拓创新，努力拼搏，努力推进引航工作再上新的台阶，为我国水运事业发展作出新的更大的贡献。

交通运输部副部长徐祖远在全国引航工作会议上的讲话

二〇一二年二月二十七日

引航工作是港口发展生产、保障安全和优质服务不可或缺的重要环节，是国家航运管理的重要组成部分，引航员团队的精神风貌是水上国门第一形象。部决定召开这次引航工作会议的主要任务，是交流 2005 年我国引航改革以来的发展情况和经验，研究解决引航工作面临的新情况、新问题，切实加强引航工作，促进引航持续健康发展。下面，我讲三个方面的问题。

一、“十一五”以来我国引航工作取得显著成绩

一是完成引航管理体制改革，建立了中国引航新体制。为适应引航业自身发展的需要，和促进我国港航业快速发展的需要，按照国务院的要求，“十一五”期间，引航机构从港口集团企业整体划分出来，成为由各地港口管理部门领导的，具有独立法人资格的事业单位，为中外船舶提供公平的服务。2008 年，成立了中国引航协会。通过改革，进一步增强了港口服务功能，完善了港口安全生产的长效机制，提高了引航技术水平，促进了港口综合竞争力的提高。据中国船东协会调查，船东对于引航体制改革普遍给予肯定，认为引航体制改革，改善了港口的软环境和综合服务能力，为船公司的服务质量和服务态度都有了很大程度的提高，改革是成功的。

二是引航管理和标准体系得到完善。我部先后下发《关于加强引航管理的通知》、《关于切实加强引航机构管理的意见》、《引航员注册和任职资格管理办法》、《引航员职业道德和纪律规范》等一系列有关加强引航管理的文件，一些地方政府也颁发相关法规和标准，保证引航业稳定有序发展。中国引航协会加强行业发展战略研究，制定了引航行业标准规范体系框架。各引航机构及时修编引航发展规划，完善内部管理制度。

三是引航基础设施建设步伐加快。在各级港口行政管理部门的关心支持下，各地引航基础设施建设取得了长足的发展，引航机构平均办公用房超过 1800 平方米。已有 24 家引航机构拥有专用引航艇。中国引航协会、上海港引航站与上海海事大学联合建立大型船舶模拟操纵培训基地。引航管理信息系统建设得到全面改善和提升，引航员的工作、训练、

学习、生活条件得到很大改善，初步满足引航发展的需要。

四是港口引航服务能力全面提升。改革以来，全国引航艘次年均增长 7.4 %，其中大型船舶艘次年均增长 21.8%。2011 年，各引航机构共引领中外船舶 38.5 万艘次，同比增长 5.26%。其中引领外贸船舶 31.9 万艘次，增长 4.50%；引领内贸船舶 6.6 万艘次，增幅达 9.06%；引领集装箱船舶 13.4 万艘次，超大型船舶 7.7 万艘次，分别增长 7.52% 和 7.15%。其中，上海、长江、宁波、深圳、天津、青岛、大连、广州、厦门、烟台等引航机构，年引船舶均超过 1 万艘次。目前，我国港口引航能力、服务效率和服务水平均居世界前列。

五是引航队伍建设成绩斐然。中国引航协会和各引航机构按照“行业统筹、规划引导、创新机制、双管齐下”的方针，及时引进优秀人才，加强培训，引航员队伍结构更趋合理，素质明显提高。这几年是我国引航员队伍发展最快，参与国际交流人数最多，引航员在航海界和在国际引航界拥有更多话语权的阶段。据统计，我国现有持证引航员 1614 名，其中高级引航员 433 名，一级引航员 331 名，二级引航员 410 名，三级引航员 440 名，实习、助理引航员 256 名。近两年来，全国引航系统在各类杂志发表学术论文 200 余篇。

六是引航文化建设形成特色。近几年来，各地切实把引航文化建设作为提高引航员素质，提升引航团队社会形象的着力点，利用各种有效载体，积极推进中国引航文化建设。中国引航协会开通中国引航网，创办《中国引航》杂志，深入学习姚泽炎同志先进事迹，组织开展“当好水上国门形象第一人”活动，引航行业的社会认知度和知名度明显提高。目前，引航行业已涌现出全国劳模、全国五一劳动奖章获得者 8 位，省部级劳模、五一劳动奖章获得者 15 位，全国精神文明建设先进单位 1 个，省部级先进单位 8 个。

但我们也要看到，与世界海运强国和我国港口快速发展的要求相比，我国引航建设还存在一些薄弱环节和不足之处：少数引航机构的基础设施仍然比较落后，有的甚至没有陆上交通工具，信息化建设还未起步；总体安全形势稳定，但局部地区引航事故时有发生，少数引航员安全意识不强，部分引航机构安全管理体系不健全不落实；少数港航企业对引航服务不满意，引航员、特别是高等级引航员不足的问题仍然突出；引航员超负荷工作，超级别引航的问题依然存在。这些问题，必须引起高度重视，在今后的工作中认真研究并加以解决。

应当说，自引航管理体制改革以来，引航工作取得了令人瞩目的成绩，有力地促进了水运事业发展。在此，我代表交通运输部和李盛霖部长，对奋战在引航工作一线的全体引航职工表示亲切的慰问！对长期以来关心支持引航事业发展的各单位和部门表示衷心的感谢！

二、适应水运行业新形势，努力转变引航发展方式

“十二五”期是中国水运行业转变发展方式的关键时期，引航发展依然任重道远，我国引航必须适应国际海运和我国港口发展的新要求，推进引航向精细化管理、低成本运行、高技术操作的方向发展。主要体现在以下几个方面：

（一）要适应水运行业转型发展的新要求，必须加强精细化管理。“十二五”期，水运行业正全面上升为国家战略，将保持稳步发展的态势。“兴内河、优港口、强海运”是“十二五”期全国水运结构调整的重要内容。因此，引航要适应水运行业转型发展的需要，必须加强引航的精细化管理，关键是确保安全，重点是调整引航队伍的结构和工作流程改良，提高引航的效率。

（二）要适应物流发展的新要求，必须保持港口低成本运行。现代物流业作为生产性服务业，是我国经济发展的重要产业和新的经济增长领域。港口是多种运输方式的交汇点，是现代物流的一个重要节点。引

航是保障安全的，同时也是一项服务性工作，高质量的引航服务是港口生产环节中的必然要求。引航服务质量不仅关系港口与船舶的效率和安全，也会影响到整个物流链的成本结构。受经济危机影响，当前国际航运市场低迷，竞争加剧，近两年难以走出低谷，航运企业经营十分困难，引航服务要适应港航企业降低物流成本的要求，以提高客户满意度为目标，在服务上下功夫，培养一批姚泽炎式的优秀引航员，加强引航文化品牌建设，不断提升服务水平。

（三）适应航海技术的新要求，必须坚持高技术操作。随着现代科学技术的迅猛发展，新型材料、机械、电气、电子、控制、信息技术广泛应用于航海，船舶导航、避碰、定位、电子海图等设施和技术日新月异，传统经验已不能完成适应引航操作的需要，这对引航员的知识体系、船舶操纵技术、心理控制能力、对新技术设备的应用能力以及技术服务能力等方面，都提出了新的更高的要求。

三、强化安全、完善机制、提高服务，努力发展现代引航

当前和今后一段时期，是引航全面发展的重要时期，全国引航工作要以科学发展观为指针，要进一步强化引航安全，加强基础设施建设，提高服务能力和水平，推进引航员队伍和文化建设，以更加安全、优质的引航服务，确立中国引航业在国际航运、港口物流发展和国际引航事务中的地位，到“十二五”期末中国引航要成为全国交通运输系统的文明行业之一，涌现出一批姚泽炎式的先进典型，精心打造“水上国门形象第一人”品牌。

（一）进一步抓好港口引航安全工作。

近年来，全国引航安全形势基本稳定，但局部港口引航事故时有发生，使财产遭受损失，环境受到污染，影响到我国水运大国的国际形象。这与港口的环境条件、引航机构的管理、引航员数量、技术水平和心理

素质有关。交通运输、港航管理部门、海事机构、引航机构，要进一步采取有效措施，抓好引航安全工作，杜绝重大引航事故的发生，为港口生产和船舶安全营造良好秩序和环境。

一是要深入进行引航安全教育。党中央国务院高度重视安全生产，将其提高到前所未有的高度。港口是多种运输方式的集结点，在国民经济中的地位日益重要。一旦发生重大事故，对港口生产乃至区域经济发展会产生重大的影响。我们要牢固树立安全是引航生命线的观念，增强安全意识，特别是公共安全意识、法制意识、人本意识，将引航安全列为优质引航服务的首要条件，把遵章守纪，不冒险、不违章作为保障引航安全的基本原则，坚决贯彻国务院关于不安全不生产的原则，禁止违章指挥，违章操作，违反劳动纪律的行为。我建议引航员上船工作前要做到“五想五不干”，一想安全风险，不清楚的不干；二想安全措施，不完善的不干；三想安全工具，没配备的不干；四想安全环境，不合格的不干；五想安全技能，不具备的不干。这些简便易记适用的理念和方法，要落实到具体船舶驾驶中，确保引航安全。

二是要建立引航行业事故报告和安全形势分析制度。引航是高风险行业，正视风险，才能规避风险。对引航事故，要公开进行剖析，找准事故原因，总结事故教训，让血的教训变成全单位乃至全国引航的宝贵财富，以避免同类事故再次发生。要将安全防线前移，建立违章问责制，及时发现和消除安全隐患，把握引航安全的主动权。少数引航机构不愿意上报引航事故，不利于及时发现各种隐患和问题，不利于做好引航安全工作，也不利于政府部门加强引航安全管理，应予坚决纠正。

三是要建立、完善港口引航安全体系。要明确引航机构是引航安全责任主体，全面落实引航安全保障的各项法律法规和规章的要求，建立健全安全引航管理体系和内部规章制度，加强内部管理，把安全责任落实到每个部门、每个引航员、每一次引航过程和引航工作的各个环节。

严格执行引航员适任等级制度，防止和杜绝引航员超越自身适任等级引领船舶。要落实港口管理部门、安全监管部门的管理责任，落实被引船舶、港口企业、相关服务单位的职责和责任，综合治理，确保港口引航安全。要积极采用安全性能可靠的新技术、新装备、新方法，不断改善引航安全生产条件，提高引航安全生产水平。

四是要把握重点，抓好危险品港区、渡口、桥区、施工区等重点水域，大型集装箱船、大型油船、客船和危险品船等重点船舶，春节、清明、五一、国庆等重点时段，大风、大雾、冰雪、严寒等恶劣天气下的引航安全工作，制定各种条件下的引航应急预案，加强演练，提高引航综合应急反应能力和化解风险能力，防止和杜绝重大引航事故发生。

五是要抓好引航员安全素质。要加快高等级引航员的培养，以适应船舶大型化的需要；要进一步加大引航培训力度，全面提升引航员的职业素养、安全意识、操船技能、临机处置能力和心理素质。今年要在全国引航系统深入推广姚泽炎安全引航操作十诀，规范操作行为，确保引航安全，把学习姚泽炎活动落实到加强引航安全的实处。希望中国引航协会和长江引航中心做好相应准备工作。这里我还要强调以人为本，保障引航员的健康生活问题。引航员是一个特殊的行业，是靠技术吃饭但又承担巨大风险压力的专业，一个优秀的引航员不但需要精湛的航海技术，丰富的船舶操纵技艺，更要有良好的心理素质。没有引航员的存在，就没有引航机关存在的必要性。引航员的健康理应得到各级管理机关的重视和关心。要把引航员的健康作为引航机关管理的理念和文化的重要组成部分。要关心引航员的职业病和慢性病的防治，要通过建立引航员健康档案，对他们的健康状况进行连续的全面跟踪观察，及早发现他们的病情，做好预防和保健工作。为引航员提供最完善的个性化服务条件。要加强对引航员的健康教育，为他们营造良好的健康氛围，让他们树立注重健康、快乐工作的理念，不断养成良好的生活习惯和生活方式。做好此项工作的关键是机关是否有服务意识。

（二）深化巩固引航管理体制。

去年 3 月 23 日，中共中央、国务院印发《关于分类推进事业单位改革的指导意见》，事业单位分类改革工作正式启动，这对引航机构既是机遇，也是挑战。实践证明，国家的引航体制改革适应了社会主义市场经济发展的需要，促进了港口生产力发展。引航机构作为事业单位有其特殊性，既具有维护国家航权的公益性，又具有提供有偿技术服务的特殊属性。各港口管理部门和引航机构要认真学习中央关于事业单位分类改革的精神，提前研究，加强协调，巩固引航管理体制改革成果，为引航持续发展提供切实保障。

引航员技术要求高、培养周期长，引航员的编制和结构必须与港口生产需要和发展相适应。各地要研究建立引航员劳动报酬与工作数量和质量挂钩的激励机制，充分发挥和调动引航员的积极性和创造性。现在各地都在积极探索引航机构事业单位改革，有的已出台了一些改革方案，希望中国引航协会认真了解各地的改革情况，选择好的做法，供各地对比借鉴，促进全国引航管理体制的进一步完善。

（三）提高港口引航服务水平。

目前大多数引航机构提供的引航服务总体是好的，但也存在某些船公司不满意的问题，如：内贸船舶的引航服务问题，高等级引航员数量不足、不能按船舶要求及时引领的问题、个别引航员素质问题等，需要加强服务能力建设，强化服务理念和服务意识，不断提高行业整体服务水平。

一要加强引航设施建设。各港口管理部门、引航机构要根据港口生产和区域经济发展的需要，把引航发展规划纳入港口总体规划，优先发展。要按照快捷、立体、安全的原则，建设现代化的引航基础设施，装备现代化的交通接送工具，以满足各种船舶在各种气候条件下的引航服务的要求；加快引航信息化步伐，形成畅通的信息传输通道和调度系统，实现引航与港口生产的无缝联接，提升引航服务效率和快速反应能力。

二要加强引航队伍建设。各港口管理部门、引航机构要制定引航人才发展规划，加大引航员引进和培训力度，利用多种方式加快高等级引航员培养，优化引航员队伍结构。要注重培养专家型引航员和学科带头人，不断提高引航技术水平。要加强内贸引航员队伍建设，适应内贸运输发展的需要。

三要切实改进服务态度和作风。当前港航企业面临很多困难，要教育引航职工认清引航发展与港口发展的关系，牢固树立港兴我兴的大局意识，与港航企业同心同德，同舟共济，共同抗击经济危机对我国水运事业的影响。要走出去，请进来，加强同港航企业的沟通，认真听取服务对象的意见，从港航企业最需要的地方做起，从港航企业最不满意的地方改起，切实改进服务态度和作风，主动作为，想港航企业所想，急港航企业所急，解港航企业所难，保船期、保稳定、保民生，对于关系国计民生的重要船舶，要坚持做到“优先受理、优先安排、优先引领”，开辟绿色通道，千方百计提高引航效率，降低成本，加快船舶周转，确保航行安全；要认真贯彻执行《引航员职业道德和纪律规范》，严格执行 7 项道德规范和 8 条禁令，坚决禁止和纠正利用职能刁难港航企业、索拿卡要等各种行业不正之风，为中外船舶提供更优质高效的引航服务。

四要全面实行引航服务承诺制，为中外船舶提供公开、公正、公平的引航服务。各引航机构要通过政务公开栏、电子显示屏、便民服务手册、服务热线、网络平台等途径，公开服务事项、工作流程、服务标准、服务时限、收费标准、作风纪律，方便船舶和港航单位，主动接受社会监督，促进内部管理。港口管理部门要组织对引航机构和引航员履行服务承诺情况进行评议，把港航单位的满意度作为引航服务标准和目标追求，按照职业形象、服务态度、安全状况、遵章守纪、工作业绩等方面对引航机构和引航员作出评价，用公开承诺、领导点评、群众评议的办法推动引航行业“为民服务创先争优”，落实对外承诺。

（四）加强引航文化建设。

引航是一个以个人技术提供服务的行业，“单兵作战”，流动分散，加强行业文化建设是加强对引航行业和引航员队伍管理的有效途径。中国引航协会成立以来，始终把行业文化建设放在重要位置，对凝聚人心，配合各引航机构促进引航安全和服务水平的提高起了较好的效果，并且摸索出一套成功的经验，形成鲜明的行业协会特色。全国引航机构和管理部门，要按照“十二五”期把引航行业建设成全国交通行业文明行业的目标，以中央十七届六中全会的精神为指导，坚持以行业核心价值体系为引导，坚持以人为本，坚持继承创新，坚持文化建设、行业管理相融共进、齐抓共管，坚持中国引航协会统筹协调，主管部门加强领导、引航机构自主创建的方针，明确责任，共同加强引航文化建设，打造“水上国门形象第一人”品牌。

中国引航协会要研究制定行业总体发展规划、基本标准规范，搭建学习交流平台，积极推进文化建设。今年中国引航协会要组织力量，在现有行业标准的基础上，建立引航行业的核心价值体系、引航职工行为规范体系、文明引航机构标准体系和行业标识体系，用以规范和指导各单位开展引航文化建设和文明创建工作，做好全国引航文化建设的检查督导。各引航机构是引航文化建设的主体，要根据引航文化建设的总体思路，从实际情况出发，制定“十二五”文化建设的明确目标，做出实施计划，加强领导，扎实推进，自主开展独具特色、个性鲜明的创建活动。

各港口管理部门要把港口引航文化建设列入港口文化建设的整体之中，把引航机构作为港口对外开放的第一窗口、第一形象进行建设，切实加强领导，并从人力、物力、规划等各个方面给予全面支持和指导。要强调建立为引航员服务的工作规则和考核机制，要严格机关人事管理，切实防止机关养庸人、懒人，创新机关用人管人新机制。希望各港口来一个大竞赛，比一比那个港口的引航文化建设搞得好！那一个港口的引航窗口亮！那一个港口的引航品牌响！

同志们，加快引航持续健康发展任务光荣，责任重大，各级港口管理部门和引航机构要认真落实全国交通运输和水运工作会议精神，开拓创新，努力拼搏，打造世界一流引航，以更加优异的成绩为我国水运事业发展做出新的更大的贡献！

中国引航协会关于“十二五”期引航文化建设总体目标实施意见

二〇一二年三月二日

为了贯彻党的十七届六中全会精神和交通运输部领导关于要把引航行业建设成全国交通系统文明行业的重要指示，切实加强行业文明建设，提升引航职工素质，提升引航服务品质，争取到“十二五”期末，把“水上国门形象第一人”打造成全国交通行业优秀文化品牌，特制定《“十二五”期间引航文化建设总体目标及实施意见》，供各单位参照执行。

一、“十二五”期间中国引航文化建设总体目标

以科学发展观为指针，以践行行业核心价值观为主线，以姚泽炎同志为榜样，以“学树建创”活动为载体，建立完善中国引航行业核心价

值体系、引航职工行为规范体系、文明引航机构标准体系和行业标识体系，积极推进引航文化建设、引航员队伍建设和引航现代化建设，以安全、及时、文明、高效的引航服务，确立中国引航业在港口物流发展、国家及区域发展和国际引航事务中的地位。

总体目标：争取到“十二五”期末，在全国引航系统创建1个全国文明单位，1个全国交通行业精神文明建设示范单位，6个省部级文明单位和省部级文明示范窗口，6名部级先进典型，70%以上的引航机构成为当地港航系统先进单位，把“水上国门形象第一人”打造成全国交通行业优秀文化品牌。

二、提出总体目标的主要依据

（一）党的十七届六中全会精神。党的十七届六中全会吹响了向社会主义文化强国进军的强劲号角。文化是民族的血脉，是人民的精神家园。“当今时代，文化在综合国力竞争中的地位日益重要，谁占据了文化发展的制高点，谁就能够更好地在激烈的国际竞争中掌握主动权。人类文明进步的历史充分表明，没有先进文化的引领，没有人民精神世界的极大丰富，没有全民族创造精神的充分发挥，一个国家、一个民族不可能屹立于世界先进民族之林。”引航员作为“水上国门形象第一人”，代表着中国人的形象，代表着中国水运发展的综合水平。引航行业应以高度的文化自觉和文化自信，加强行业文化建设，提高从业人员的文化品位和素养，打造与世界海运强国相适应的中国引航文化品牌，展示中国引航队伍的良好形象。

（二）全国交通运输行业“十二五”精神文明建设规划。该规划提出了建设一个畅通安全高效绿色的交通运输系统，实现人便于行，货畅其流，让人们享受高品质的运输服务，让经济社会发展更加充满活力，让交通与自然、与社会更加和谐的愿景，并提出到2015年，争取创建

150 个全国文明单位，80 个省部级文明行业，400 个省部级文明单位和 500 个省部级文明示范窗口；打造 10 个交通文化品牌，创建 100 家交通运输文化建设示范单位，培养 1000 名交通运输先进典型；90% 以上的省级交通运输行政管理机关成为省部级以上文明单位或文明行业。引航行业作为交通运输行业的子系统，在建设人便于行、货畅其流的交通运输体系中具有不可替代的作用，是港口服务重要的窗口，港口生产的关键环节，应在交通运输行业精神文明建设中发挥关键的作用。

（三）部领导关于加强引航文化建设的一系列重要指示。近几年来，交通运输部领导高度重视引航行业的文化建设。2008 年在中国引航协会成立大会上，徐祖远副部长就明确指示："中国引航协会要加强引航文化建设，深入挖掘引航的思想理念、精神实质、风貌特征，树立全新的引航队伍形象，提升引航员素质和品位，打造具有中国特色的引航服务品牌"。2009 年在新中国成立 60 周年前夕，徐副部长又代表部领导发表"引航员是水上国门形象第一人"的重要讲话，对引航事业进一步作出科学定位，明确了引航文化建设的方向。2010 年 12 月，交通运输部决定全国交通行业学习姚泽炎，并以"水上国门形象第一人"为题，推介姚泽炎同志的先进事迹，高高树起"水上国门形象第一人"的旗帜。2011 年 5 月，交通运输部召开全国港航系统会议，要求全国港航系统把培养姚泽炎式的优秀引航员队伍，作为落实张德江副总理和交通运输部领导重要指示，适应我国水运事业快速发展的重要举措，进一步指明了引航文化建设的方向。今年 2 月 27 日全国引航工作会上，徐祖远副部长则进一步明确提出精心打造"水上国门形象第一人"品牌。所以说，建设引航文明行业，打造"水上国门形象第一人"品牌，是交通运输部领导站在全局和时代的高度，在对引航业进行科学定位的基础上对中国引航提出的战略性建设目标。

（四）全国引航系统文化建设的实践与成果。中国引航协会成立以来，根据部领导的指示，在政法司等部门指导支持下，始终把引航文化建设作为提高引航员素质、提升引航服务能力的着力点，利用各种资源，抓住各种时机，团结全国引航机构，深入开展引航文化建设，特别是在全国引航系统开展“当好‘水上国门形象第一人’”和学习姚泽炎同志的活动，把引航文化建设推向了一个新高潮，提升到一个新水平，为引航文化建设打下了良好基础。全国引航系统文化自觉明显增强，打造“水上国门形象第一人”品牌已成为全体引航职工的共识与行动。经过努力，中国引航行业建立了创建平台和机制，建立了引航员职业道德和纪律规范、引航服务规范等规范体系，涌现了以全国先进工作者、感动中国交通人物姚泽炎为代表的一批层次较高的先进典型，现有全国级劳模 8 名，省部级劳模 16 名，全国交通行业精神文明先进个人 2 名，连续两年中国航海日均有引航员受到大会嘉奖，全国精神文明建设工作先进单位一个，省部级文明单位 2 个，地市级文明单位 4 个。引航队伍素质明显提高，行业形象明显改善，行业知名度明显提升。政法司领导曾明确指出：“在各行业协会中，中国引航协会已经在文化建设方面先行了一步，希望继续加强文化建设，构建具有浓郁引航特色和符合时代要求的核心价值体系，大力培育引航文化品牌，争取推出文化建设示范单位，再选树一批先进典型，在部里的‘十百千’工程中占有一席之地。”并与中国引航协会合力推举重大典型，举办展览，召开引航劳模座谈会，对引航文化建设给予大力支持和有力指导。

三、加强引航文化建设和文明创建工作的基本原则

（一）坚持以行业核心价值体系为引导，以“把世界引进中国，把中国引向世界”为使命，以服务港航为引航根本，以保障安全为引航生命，弘扬敢于担当、真诚服务、开放包容、务实争先的引航精神，打牢发展现代引航行业的共同思想基础。

（二）坚持以人为本。尊重职工特别是引航员的主体地位，注重人文关怀和人格尊重，把教育人、关心人、理解人结合起来，促进引航职工的全面协调发展；坚持以中外船舶满意度为出发点，努力为中外船舶提供高层次内涵、高精神体验、高信息化智能化现代引航服务。

（三）坚持继承创新。传承引航行业优良传统和精神文明建设成果，广泛吸纳中外文化建设精华，构建符合行业特点、体现时代精神，具有科技含量的载体平台和方法途径，提升行业文明建设的科学化水平。

（四）坚持文化建设、行业管理相融共进，齐抓共管。将引航文化建设列于全局规划，将引航文化理念融入引航管理体系，建立主要领导挂帅，分管领导负责，班子成员支持，各部门协调配合，上下合力，内外联动，党政工团齐抓共管的工作机制。

（五）坚持协会协调推进，引航机构自主创建。协会主要负责制定行业总体规划、基本标准规范，搭建学习交流平台、组织协调工作，各引航机构在行业总体目标指导下，根据实际情况，自主开展独具特色、个性鲜明的创建活动，和而不同，和谐发展。

四、实现“十二五”文明创建总体目标的主要措施

（一）以协会会长办公会成员为主体，成立创建文明行业领导小组，切实加强行业文明创建的组织领导、统筹协调；成立引航文化研究会，针对引航文化建设的重点和难点问题，开展学术研究，为协会领导和各单位领导开展引航文化建设提出意见和建议。

（二）在现有行业标准的基础上，进一步完善引航行业的核心价值体系、引航职工行为规范体系和文明引航机构标准体系，用以规范和指导各单位开展引航文化建设和文明创建工作。

（三）落实创建责任。各会员单位根据引航文化建设的总体思路，从实际情况出发，制定“十二五”建设的明确目标，作出实施计划，加

强领导，扎实推进，以保证总体思路的实现。中国引航协会每年定期召开文化建设座谈会，总结部署工作，协调工作步伐，掌握工作进展，发现典型，用先进经验指导和推进行业的文化建设。

（四）以“学树建创”为载体，讲求实效。继续深入开展向姚泽炎学习，争当“水上国门形象第一人”活动，增强“第一人”意识，明确“第一人”责任，比职业态度、比职业技能、比服务水平，比工作业绩，充分利用行业资源、社会资源和国际资源，加大引航员培训力度，努力培养姚泽炎式的优秀引航员队伍。将引航文化建设同创建文明单位、青年文明号、工人先锋号及各地开展的特色创建活动结合起来，把引航机构建设成港口最亮的“窗口”。

（五）大力推行引航服务承诺制。各引航机构要通过政务公开栏、电子显示屏、便民服务手册、服务热线、网络平台等途径，公开服务事项、工作流程、服务标准和服务时限，方便船舶和港航单位，主动接受社会监督，同时积极开展群众评议，职工互评、领导点评，及时听取各方意见，整改存在问题，落实承诺任务。

（六）以加强物质文化建设为基础，着力改善引航文化阵地环境。抓住现代引航大发展大建设机遇，在基础设施和软环境建设中融入行业文化元素，形成文化人文景观，增强行业文化的视觉冲击力和影响力，建设和完善引航行业的视觉形象识别系统，逐步规范引航基地、车辆船舶等的外观标识，塑造行业良好的外在形象。

（七）继续加强行业宣传工作。办好中国引航网、《中国引航》、引航通讯和引航论坛，及时宣传上级关于文化建设和文明创建的重要指示，交流各单位工作动态，总结经验，推广先进。加强同行业媒体的联系沟通，建立良性互动、稳定合作的关系，抓好关系行业发展的重要节点的宣传，抓好行业发展重大政策、重要事件、重要典型、重要成就的宣传，努力提升引航行业的社会知名度，为引航发展创造良好的社会舆论环境。

（八）及时向主管部门汇报引航行业文化建设和文明行业创建工作，争取领导机关的指导和支持。

中国引航协会

关于开展第二届全国优秀引航员和十佳引航员评选活动的通知

二〇一二年十月二十八日

各引航站（中心）：

为了深入贯彻全国引航工作会议精神，表彰先进，树立典型，展示中国引航员风采，激励全体引航员爱岗敬业、创先争优，精心打造“水上国门形象第一人”品牌，培养姚泽炎式的优秀引航员队伍，以适应我国水运事业快速发展的需要，根据第五次理事会决议，并经请示交通运输部有关司局领导同意，中国引航协会决定联合工人日报社和中国水运报社开展第二届全国优秀引航员和全国十佳引航员评选活动。现将有关事项通知如下：

一、评选对象

全国引航系统持引航员适任证书五年以上，并在一线从事引航工作的引航员（各引航机构领导不参加评选）。

二、评选条件

（一）全国优秀引航员评选条件：

（1）热爱祖国，热爱引航事业，具有高度的政治责任感和职业责任心；多次被评为单位先进工作者，社会服务对象满意度较高。

（2）忠于职守，服从调派，吃苦耐劳，模范带头，践行“三个服务”，积极为中外船舶提供优质引航服务，在港口急、难、险、重引航任务中发挥骨干作用。

（3）刻苦钻研引航技术，航海理论扎实，引航技艺精湛，勇于创新，能积极开展学术研究，攻克技术难关，促进引航技术发展，在新引航员培训中发挥骨干作用。

（4）敬业爱岗，遵章守纪，文明礼貌，廉洁自律，无违章违纪行为和社会投诉，在引航机构内部和社会行风测评中，多年保持良好记录。

（5）严格执行操作规程，安全记录良好，连续五年以上安全引航无事故。

（二）全国十佳引航员评选条件：

（1）具备全国优秀引航员评选条件。

（2）连续十年无责任事故，无不良行风记录。

（3）对引航事业、港口发展有重要贡献，如：引航艘次多年来名列前茅；或在港口重大引航活动中发挥骨干作用；或在抢险救灾中表现突出；或在引航技术上有重大创新等。

（4）在引航机构内部有较高威信，在社会和服务对象中有较高公信力和美誉度，能代表中国引航员形象。

三、组织领导

由部政法司、部人劳司、部水运局、部机关党委、部海事局、中国引航协会、《工人日报》、《中国水运报》共同联合成立评选领导小组。

领导小组下设评选办公室，办公室设在中国引航协会秘书处，由中国引航协会、《中国水运报》、《工人日报》组成，具体承担活动的日常工作。

邀请交通运输部政法司、部水运局、部海事局、中国船舶代理及无船承运人协会、中国港口协会、中国船东协会等方面的专家代表组成全国优秀引航员和十佳引航员评选委员会。

四、评选步骤

第一步：各单位推荐。

（1）各单位根据优秀引航员评选条件在内部开展推荐活动，于 2013 年 1 月 20 日前将推荐意见报评选办公室。

（2）各单位推荐全国优秀引航员名额分配办法：引航员 50 名以下的单位推荐 1 名；50−100 名的单位推荐 2 名；100−200 名的单位推荐 3 名；200 名以上的单位推荐 5 名；300 名以上推荐 6 名。

（3）各单位推荐意见应包括开展推荐工作的情况、全国优秀引航员推荐表、按序排列的推荐名单。

（4）各单位重点推荐人员请附事迹材料及有关资料。

第二步：理事评选与评选委员会评选。

（1）2 月 28 日前，评选办公室将全国优秀引航员推荐名单及事迹印发全体理事，请全体理事在广泛征求本单位个人会员意见的基础上，填写十佳引航员推荐表于 3 月 10 日前报秘书处。

（2）3 月 20 日，召开评选委员会评选会议，根据全国优秀引航员评选条件，对全国优秀引航员推荐人选进行评议，评出全国优秀引航员候选名单，并从全国优秀引航员候选名单中评选出全国十佳引航员候选名单。

第三步：内外公示。

3 月 25 日，评选办公室将全国优秀引航员候选名单和十佳引航员候选名单及事迹在《中国引航网》、《中国水运网》、《中工网》上公示一周，进行公开投票，广泛征求意见。

第四步：4 月中旬，中国引航协会召开会长办公会，根据评委会评选意见、理事评选意见和公示情况，讨论决定全国优秀引航员名单和全国十佳引航员名单；经公示发现优秀引航员候选人不符合评选标准的，取消评选资格;发现十佳引航员候选人中有不符合标准的,经调查核实后，取消十佳评选资格，按评委推荐顺序，增补其他候选人员为十佳引航员。

第五步：5 月上旬，评选领导小组审议通过全国优秀引航员和十佳引航员名单，并将评选结果在《中国引航网》、《中国水运网》和《中工网》上公示一周。

第六步：开展表彰和学习活动。

（1）5 月中旬，中国引航协会、《工人日报》、《中国水运报》联合发文，表彰全国优秀引航员和十佳引航员。

（2）在 2013 年中国引航论坛期间，召开全国优秀引航员和全国十佳引航员表彰大会。

（3）《工人日报》、《中国水运报》和其他媒体对十佳引航员进行集中宣传。

（4）在全国引航系统开展“学十佳，创十佳”，当好“水上国门形象第一人”活动。

（5）中国引航协会、《工人日报》、《中国水运报》联合采取适当措施，协助所在单位，向当地或有关部门推荐，参加相关评选活动。

五、几点要求

（1）希望各单位领导重视全国优秀引航员和十佳引航员评选活动，积极做好宣传工作，动员全体引航员争当十佳引航员和优秀引航员，动员全体引航职工积极参加评选活动。

（2）认真做好优秀引航员推荐工作和评选工作，对评选工作多提批评建议，保证评选活动公平公正。

（3）以全国优秀引航员和全国十佳引航员评选活动为契机，进一步开展当好“水上国门形象第一人”活动，推进引航文化建设和文明创建活动。

中国引航协会　工人日报社　中国水运报社

关于印发引航文化建设规范体系暨打造全国交通运输行业优秀文化品牌实施方案的通知

二〇一三年三月五日

各引航机构：

经中国引航协会第六次理事会审议批准，现将《引航文化建设规范体系暨打造全国交通运输行业优秀文化品牌实施方案》印发你们，望结合实际，认真贯彻实施。请各单位及时将贯彻实施情况向协会秘书处报告。

中国引航协会

附：引航文化建设规范体系暨打造全国交通运输行业优秀文化品牌实施方案（略）

中国引航行业发展现状

中国引航机构分布图

黑龙江引航站
丹东港引航站
大连港引航站
营口港引航站
盘锦港引航站
锦州港引航站
葫芦岛港引航站
秦皇岛港引航站
唐山港引航站
黄骅港引航站

天津港引航中心
东营港引航站
潍坊港引航站
烟台港引航站
威海港引航站
青岛港引航站
日照港引航站
连云港引航站
盐城港大丰引航站
南通港沿海港区引航站

上海港引航站
长江引航中心
嘉兴港引航站
宁波引航站
舟山引航站
台州港引航站
温州港引航站
宁德港引航站
福州港引航站
莆田港引航站

泉州港引航站
厦门港引航站
潮州港引航站
汕头港引航站
惠州港引航站
深圳港引航站
广州港引航站
珠海港引航站
江门港引航站
阳江港引航站

茂名港引航站
湛江港引航站
北海港引航站
钦州港引航站
防城港引航站
海南省引航站

2012年中国引航员结构图

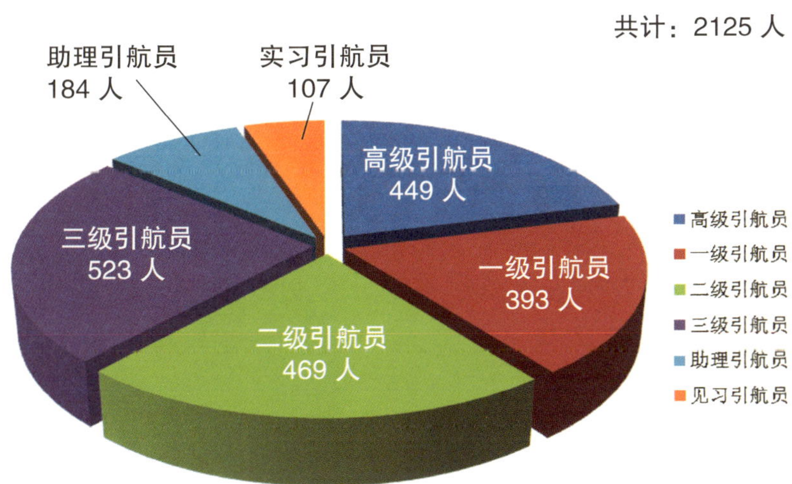

2012年全国引航机构引航业绩图

领导关怀

自中国引航协会成立以来，全国引航系统深入开展“学习部领导讲话，争当‘水上国门形象第一人’”活动，至今方兴未艾，形成了有特色的行业文化。中国引航从来没有像现在这样团结自信，意气风发，精神昂扬；中国引航员从来没有像现在这样受到国家关注和国际同行的尊重。国务院总理温家宝、副总理张德江、全国人大副委员长陈至立、全国政协副主席孙家正等中央领导和交通运输部领导先后接见引航员，交通运输部领导更是多次对中国引航的发展作出批示。领导的关怀和指导，不仅为中国引航的发展指明了方向，更为中国引航事业发展提供了坚定的信念和有力的保障。

2011 年 6 月 8 日，交通运输部部长李盛霖与姚泽炎携手进入“我身边的优秀共产党员”先进事迹报告会会场

2011 年 6 月 8 日，交通运输部部长李盛霖、副部长高宏峰接见姚泽炎等先进人物

2009 年 2 月 19 日，在首届“全国十佳引航员表彰大会”上，交通运输部副部长徐祖远以及原交通部老领导钱永昌部长、林祖乙副部长、刘松金副部长、洪善祥副部长亲临现场并作颁奖嘉宾

2009 年 9 月 25 日，交通运输部副部长徐祖远接受凤凰卫视采访，发表水上国门形象第一人重要讲话

2010 年 2 月 12 日，交通运输部副部长徐祖远在中国引航协会常务副会长彭翠红的陪同下，通过电话慰问春节期间坚持工作的一线引航员

2011 年 10 月 18 日，交通运输部副部长徐祖远为出席全国引航劳模座谈会代表颁发“国之宝业之精”奖盘

2011 年 10 月 18 日，交通运输部党组成员何建中在引航系统劳模座谈会上讲话

2011 年 3 月 16 日，“水上国门形象第一人的楷模——姚泽炎”展览在交通运输部机关大厅展出，部政法司司长何建中、副司长柯林春、机关党委常务副书记梁晓安、水运局副局长李宏印及中国引航协会常务副会长彭翠红等领导参加了展览开幕仪式

引航文化建设大事记

2008 年

● 1 月 8 日，中国引航协会在北京隆重成立，这是中国引航史上第一个全国性的行业组织。交通部副部长徐祖远发表重要讲话，要求协会要开展引航文化建设，打造中国引航品牌。引航员代表姚泽炎在会上宣读了《中国引航员服务公约》。

● 3 月 26 日，中国引航协会组织开展协会会徽征集活动，并于 2009 年 2 月 12 日正式对外公布。

● 4 月 23 日至 24 日，中国引航协会在北京召开引航信息与宣传研讨会，研究建立引航文化建设与宣传机制，交通运输部部长政策咨询小组成员朱永光，部体法司副司长柯林春、宣传处处长高强华、法制处副处长王海峰莅临指导。中央电视台主任记者、中国交通报主编亲自为到会代表授课。

● 5 月 1 日，国务院总理温家宝视察宁波港。宁波引航站高级引航员、全国劳动模范张锁珍及高级引航员、交通部劳动模范陈杰受到温总理的亲切接见，张锁珍与温总理共进午餐，面对面交谈。温总理称赞引航员是“中国港口发展的历史见证人”。

● 5 月 20 日，中国引航协会与中国航务周刊杂志社合作，在《中国航务周刊》杂志及中国航贸网上开辟“前进中的中国引航”专栏及“引航之窗”频道。

● 6月至12月，中国引航协会与中国交通报合办“改革开放看引航”专栏，系列宣传中国引航业以及全国各主要引航机构的贡献、成就、改革与发展的历程等。

● 7月18日，中国引航网（www.chinapilotage.org）开通。

● 10月28日，青岛港引航站荣获交通运输部授予的“奥运交通保障工作先进集体”称号。

● 11月15日，协会副秘书长陈治政代表中国引航协会应邀参加“中国水路交通改革开放30年工作研讨会”，《建设世界一流引航队伍服务海运强国发展战略》论文被编入《中国水路交通改革开放三十年论文集》。

● 11月，中国引航协会与中国航务周刊杂志社共同组织的全国十佳引航机构评选结果揭晓，上海港引航站、青岛港引航站、厦门港引航站、天津港引航中心、长江引航中心、宁波引航站、大连港引航站、连云港引航站、营口港引航站、深圳港引航站获奖。

2009年

● 1月，长江引航中心荣获2008年度全国精神文明建设工作先进单位称号。

● 2月19日，由中国引航协会与中国水运报联合开展的全国十佳引航员、全国优秀引航员评选结果在北京揭晓。姚泽炎、刘荣康、初开元、迟乃旗、杜兆忠、杨旺强、郭定兴、徐力、陈文志、张寿春等荣获“全国十佳引航员”称号，31名引航员获全国优秀引航员称号。交通运输部副部长徐祖远在表彰大会上发表讲话，并与原交通部老领导钱永昌、林祖乙、刘松金、洪善祥共同为十佳引航员颁奖。"'全国十佳引航员'表彰大会在北京隆重举行，中国'水上国门第一形象'树起标杆"被评为2009年中国水运十大新闻。

● 3月25日，中国引航协会引航文化建设与宣传工作座谈会在三亚召开。会议决定以庆祝建国60周年为中心，部署全年引航文化建设与宣传工作任务。

● 5月15日，中国引航协会在宁波举办了中国引航青年论坛，协会常务副会长彭翠红发表主旨讲话。全国64名青年引航员代表参加会议，并向全国青年引航员发出"迎接航海新挑战，让青春与引航共辉煌"倡议书。这是中国航海日系列活动之一。

● 6月12日，中国引航协会与交通运输部机关党委联合在部大厅主办了《把世界引进中国，把中国引向世界——中国引航60年》展览，受到交通运输部领导表扬，部机关工作人员反响热烈。

● 5月至8月，中国引航协会与香港凤凰卫视合作拍摄反映中国引航业电视片《水上国门形象第一人》并于10月4日播出。

● 8月31日，中央电视台《新闻30分》"共同关注·我和我的祖国"采访拍摄青岛港引航站站长、高级引航员原新军，并播出"我们的港口我的家"新闻。

● 9月14日，交通运输部"感动交通人物评选委员会"通报，长江引航中心高级引航员姚泽炎光荣入选"60位新中国成立以来感动交通人物"。

● 9月15日，《中国引航》正式创刊。

● 9月下旬，《中国引航60年》画册正式编辑出版。画册全面回顾了新中国成立60年中国引航走过的辉煌历程，梳理了中国引航60年的大事记，搜集整理了建国以来引航系统31名省部级劳模先进事迹，汇编了全国引航系统服务理念，展示了全国引航机构及引航员风采。交通运输部副部长徐祖远亲自为画册作序。

● 9 月 25 日，交通运输部副部长徐祖远接受凤凰卫视记者采访，全面阐述了引航员是“水上国门形象第一人”，充分肯定中国引航业在中国海运事业发展中“不可替代”的作用。

● 10 月 16 日，新浪网组织“水上国门形象——中国引航 60 年”在线访谈。协会常务副会长彭翠红率舟山引航站党委书记李培年、大连港引航站副站长徐伟成、深圳港引航站高级引航员张寿春、天津港引航中心高级引航员迟乃旗出席。

● 10 月 20 日，中国引航协会信息与新闻宣传研讨会在成都召开，进一步统一全国引航宣传工作总体思路。

● 11 月 24 日，中国交通报发表协会常务副会长彭翠红专访文章《建设世界一流的引航队伍》，全面总结回顾了新中国 60 年中国引航发展的成绩和经验。

● 11 月 28 日，中国引航协会第七次会长办公会在北京召开。会议决定在全国引航系统开展学习宣传徐副部长的讲话，当好“水上国门形象第一人”活动。

● 12 月 3 日，中国引航协会根据会长办公会决议，发出《关于开展学习宣传徐祖远副部长讲话，当好“水上国门形象第一人”的通知》，并编写了《学习徐祖远副部长讲话的辅导材料》，全方位解读徐副部长“水上国门形象第一人”讲话精神。该通知得到全国引航机构积极响应和支持。

● 12 月 9 日，海南省引航站站长、高级引航员叶平，厦门港引航站副站长、高级引航员徐力荣获全国交通系统先进工作者称号，青岛港引航站荣获全国交通运输系统先进集体称号。

2010年

● 2月12日下午，交通运输部副部长徐祖远在协会常务副会长彭翠红的陪同下，分别与为抢运电煤、春节期间坚守岗位的秦皇岛港引航站站长李志鹏，全国五一劳动奖章获得者、长江引航中心高级引航员姚泽炎通电话，向全国引航员拜年。

● 2月13日至14日，中国引航协会开展“大年初一的引航员”拍摄活动，共拍摄引航员节日引航工作照片60余张，中国水运报节后第一期报纸发表“大年初一的中国引航员镜像”专版，中国交通报也及时做了报道。

● 2月24日，交通运输部组织的中央媒体内河航运专题采访组，在部水运局、政策法规司有关领导的陪同下到武汉采访十佳引航员姚泽炎。中国引航协会、长江引航中心全力配合。

● 3月17日，中国引航协会“2010年文化建设与宣传工作研讨会”在昆明召开，部政策法规司宣传处处长李占川到会指导。协会常务副会长彭翠红做了《以水上国门形象第一人为主题，做好今年引航文化建设和宣传工作》的讲话。

● 4月26日，全国五一劳动奖章获得者、长江引航中心高级引航员姚泽炎应邀出席2010年交通运输系统全国劳动模范和先进工作者座谈会。

● 4月27日，长江引航中心高级引航员姚泽炎出席全国劳动模范和全国先进工作者表彰大会，受到党和国家领导人亲切接见。

● 5月26日，由中国引航协会与中国航海日组委会联合举办的中国引航论坛在北京隆重开幕，论坛主题是“登高望远话引航，当好水上国门形象第一人”。交通运输部副部长徐祖远发来了贺信。陈正华会长致辞；部水运局局长、航海日组委会办公室主任宋德星做主旨发言；部海事局副局长郑和平、部政策法规司副司长柯林春作了重要讲话。朱永光、沈宏光、李建生、胡平贤、李占川、熊伟、李恩洪等交通运输部机关领导莅临会议指导。全国航海专家和引航职工代表共发表论文六十多篇。

● 5 月 27 日，参加论坛的代表们赴居庸关长城举行“引航林”开林仪式，植树铭志：“当好水上国门形象第一人！把世界引进中国，把中国引向世界”。

● 7 月 11 日，在中国航海日庆祝大会上，长江引航中心高级引航员姚泽炎荣获“杰出船员奖”，全国人大常委会副委员长陈至立为姚泽炎颁奖。

● 8 月 23 日，中国引航“争先创优，当好水上国门形象第一人”展览在交通运输部大厅展出。展览分“为国引航，竭诚服务”、“创先争优，英模辈出”、“登高望远，共铸品牌”三个部分，展示了中国引航近年来的发展成果和中国引航员风采。交通运输部机关党委副书记梁晓安、政策法规司副司长柯林春、水运局副局长智广路、协会常务副会长彭翠红、政策法规司宣传处处长李占川等出席了开展仪式。

● 9 月 8 日，新华社《国内动态清样》发表《在“异国浮动的国土”上维护祖国尊严》文章，报导了全国先进工作者、长江引航中心高级引航员姚泽炎的先进工作事迹，中央政治局委员、国务院副总理张德江看后指示，交通运输部“要在全国交通系统宣传和树立姚泽炎这个先进典型。”交通运输部副部长徐祖远指示中国引航协会，要在引航系统开展学习姚泽炎的活动。

● 9 月 16 日，《中华人民共和国引航员职业道德和纪律规范》修改小组会议在北京召开。在上海、长江、宁波三个引航站修改稿的基础上，完成了《中华人民共和国引航员职业道德和纪律规范》修改送审稿。

2011年9月13日，交通运输部发布了经修改的《中华人民共和国引航员职业道德和纪律规范》。

● 9月16日至18日，姚泽炎作为特邀劳模先进代表，出席了全国交通运输行业精神文明建设工作会议。

● 10月20日，《中国引航年鉴（2008～2009卷）》出版。

● 11月14日至19日，协会会长陈正华率代表团赴澳大利亚出席第二十届世界引航大会。长江引航中心高级引航员、全国先进工作者姚泽炎，上海港引航站高级引航员陆悦铭和宁波引航站高级引航员宣晓东作为中国引航员优秀代表出席会议，并发表了演讲，引起与会代表的共鸣并受到真诚赞誉。

● 12月10日，交通运输部决定，"十二五"期间全国交通运输行业开展向姚泽炎同志学习，并以"水上国门形象第一人"为题，介绍姚泽炎事迹。

● 12月23日，中国引航协会决定，在全国引航系统深入开展"学习姚泽炎同志，当好水上国门形象第一人"活动。

2011年

● 1月21日，交通运输部副部长徐祖远在部人劳司司长何捷、协会常务副会长彭翠红的陪同下，到上海港引航站看望慰问引航职工，向全国引航职工恭贺新年。

● 2月24日，中宣部、交通运输部组织的交通运输行业精神文明建设实地采访团赶赴江苏省南通市，采访全国先进工作者姚泽炎先进事迹。采访团包括新华社、中央电视台、人民日报、光明日报、经济日报、中央人民广播电台、工人日报、中国交通报、中国水运报等媒体。

● 2 月 28 日，中国引航协会在长江召开第一届四次理事会。会上，全体代表听取了全国先进工作者姚泽炎同志的先进事迹报告，举办了姚泽炎同志先进事迹展览。

● 3 月 16 日，“水上国门形象第一人的楷模——姚泽炎”展览在交通运输部机关大厅展出。展览由交通运输部政策法规司、部机关党委和中国引航协会联合主办。政策法规司司长何建中、副司长柯林春，机关党委常务副书记梁晓安，水运局副局长李宏印，协会常务副会长彭翠红等领导参加了展览开幕仪式。长江引航中心为配合展览还编印了《姚泽炎的故事》书籍、《水上国门形象第一人——姚泽炎》画册及姚泽炎先进事迹光盘。

● 4 月 8 日，中国引航协会“2011 年文化建设与宣传工作研讨会”在京召开，协会副秘书长陈治政在会上做“十二五”期间引航文化建设总体思路报告。部政策法规司副司长朱伽林出席会议，要求中国引航协会构建引航行业核心价值体系，争取在全国交通运输行业“十百千”工程中占有一席之地，会议还听取了姚泽炎先进事迹报告，参观了《姚泽炎同志先进事迹展览》。

● 4 月 14 日，全国交通运输行业精神文明建设工作座谈会在西安召开。与会代表参观了《水上国门形象第一人的楷模——姚泽炎》事迹展览。协会副秘书长陈治政代表协会应邀出席座谈会。

● 4 月 19 日，中国引航协会与港口经济杂志社联合主编的《中国引航 2010 论文集》正式出版。论文集汇集了全国引航系统近年来的学术研究成果。

● 5 月 19 日，中国引航协会在南京承办了交通运输部“培养姚泽炎式优秀引航员，加强引航队伍建设座谈会”。部水运局副局长智广路宣读了徐祖远副部长的批示。批示指出：用劳模精神引领交通运输系统深入开展创先争优活动，不断推进行业精神文明建设的方式值得总结和推广。交通运输部安全总监刘功臣代表徐祖远副部长讲话，要求全国港航系统要站在时代和责任的高度，统一认识，共同打造姚泽炎式优秀引航员队伍，为我国水运经济快速发展提供有力支撑和保障。

● 5 月 20 日，中国引航协会在南京召开了 2011 年第二次会长办公会。会议审议通过了《“十二五”期间引航文化建设总体思路》，并决定成立引航文化研究会。

● 6 月 15 日，纪念建党 90 周年全国引航职工（家属）书画摄影展在中国引航网推出。共展出全国引航职工（家属）书法、绘画、剪纸和蜡染等作品 70 余幅，摄影作品 200 余幅，赵熙川、孙德勇、陈连权等 34 人分获一二三等奖。

● 7 月 11 日，以“兴海护海，舟行天下”为主题的 2011 年中国航海日庆祝大会在浙江舟山隆重举行。舟山引航站站长陈伟丰获“航海安全贡献奖”，并受到全国政协副主席孙家正的亲切接见。

● 7 月 12 日，中国航海日系列活动之一——中国引航论坛在舟山开幕，论坛由中国航海日组委会办公室、中国引航协会、舟山市政府联合主办。主题是“让中国与世界因海洋而相近，因引航更紧密”。舟山市人民政府李善忠副市长、浙江省港航局郑惠明局长致辞，部水运局副局长李良生和协会会长陈正华出席会议并做主旨讲话。全国先进工作者、长江引航中心高级引航员姚泽炎做事迹报告。长江、舟山、营口、上海等引航机构代表发表演讲。

● 10 月 18 日，中国引航协会与部政策法规司联合召开全国引航系统建国以来省部级以上劳模座谈会。交通运输部副部长徐祖远亲临座谈会看望劳模，为劳模颁发“国之宝 业之精”纪念瓷盘，并发表重要讲话；部党组成员、政法司司长何建中也到会发表了讲话。全国劳动模范张锁珍、沃棉康、姚泽炎等新老劳模共 24 人出席了座谈会，就弘扬劳模精神，打造中国引航品牌展开了热烈讨论，并宣读了劳模倡议书：“争当姚泽炎式的优秀引航员，树立水上国门第一形象，共同为打响中国引航这一品牌而努力”。

● 10月31日，《中国引航年鉴（2010年卷）》出版。

● 11月16日，“烟台引航”获评“山东港航文化服务优秀品牌”。

● 12月7日，广州港引航站获得“2006-2010年度广州市精神文明窗口单位”荣誉称号。

2012年

● 1月1日，中国集邮总公司出版发行中国引航纪念邮册。

● 2月1日，烟台港引航站被山东省精神文明建设委员会评为省级“文明单位”。

● 2月6日，中央电视台《新闻直播间》栏目播出了“山东莱州海冰中的引航员”。

● 2月27日，交通运输部全国引航工作会议在京召开，全国港口引航主管部门、引航系统领导共100多人参加会议，徐祖远副部长发表重要讲话，明确提出：到“十二五”期末中国引航要成为全国交通运输系统的文明行业之一，涌现出一批姚泽炎式的先进典型，精心打造“水上国门形象第一人”品牌。以更加安全、优质的引航服务，确立中国引航业在国际航运、港口物流发展和国际引航事务中的地位。会议还分别对引航主管部门、引航机构和中国引航协会提出具体要求，形成全国港航共建引航文化品牌的大格局。

● 2月28日，中国引航协会在北京召开第五次理事会议。会议传达讨论了全国引航工作会议精神，审议通过了《“十二五”引航文化建设总体目标实施意见》，明确提出“十二五”期把“水上国门形象第一人”打造成全国交通运输行业优秀文化品牌的目标。

● 3 月 26 日，中国引航协会就打造引航文化品牌事宜召开专家咨询会。会议邀请了交通运输部部长政策咨询小组成员朱永光、部政策法规司宣传处处长李占川、中国交通企业管理协会副秘书长王诗杨、中国水运报副社长张正柱、长江引航中心党委书记沈祥法、上海港引航站党委副书记陈磊、宁波引航站纪委书记鲍冯军、大连港引航站副站长徐伟成、烟台港引航站党支部书记邵明福等十位专家、领导，对品牌名称、品牌创建可行性及创建路径等进行讨论研究。

● 4 月 9 日，中国引航协会“2012 年引航文化建设与宣传工作研讨会”在长沙召开。协会常务副会长彭翠红做了《关于引航文化建设与宣传工作报告》，号召全国引航行业继续深入学习姚泽炎，共同打造“水上国门形象第一人”。会议就创建行业品牌、构建引航行业核心价值体系、引航职工行为规范体系和文明引航机构标准体系的大体框架进行了深入探讨，交通运输部干部管理学院副院长黄克清作了文化品牌建设辅导讲座。

● 4 月 27 日，天津港引航中心荣获“天津市五一劳动奖状先进集体”荣誉称号。

● 4 月 29 日，中央电视台《走基层·在岗位上》记者走进宁波引航站，全程跟踪拍摄了宁波引航站站长、高级引航员陈杰引航工作过程，央视新闻频道用长达 5 分 18 秒的时间在黄金时段播出。

● 5 月 8 日，营口港引航站被中共辽宁省委、辽宁省人民政府授予“2010—2011 年度省文明单位”称号。

● 5 月 16 日，中国引航协会召开引航文化手册编写会议。会议决定成立引航文化手册编写领导小组，并成立引航行业核心价值观体系、引航职工行为规范体系和文明引航机构标准体系三个编写小组，正式启动编写工作。

● 5月24日，新华社以《外籍货轮上升起五星红旗》为题，运用文字、图片、视频三种方式，播发了长江引航员竭诚为中外船舶服务的事迹。新华网、新华每日电讯、人民网、中国电视网、搜狐网等中央媒体和地方媒体同日发表了新华社记者的文章。

● 6月18日，由中国引航协会和交通运输部机关党委、中国航海学会引航专业委员会共同举办的“舟行天下党引航——全国引航职工喜迎十八大书画摄影作品展”在交通运输部机关大厅开始展出。

● 7月8日，《礼赞放歌——庆祝建党九十周年全国引航职工（家属）摄影书画作品集》出版。

● 7月10日，天津港引航中心编制的《天津港引航史》及《天津港引航中心文化宣传手册》出版。

● 7月12日，2012年中国航海日系列活动——中国引航论坛在南京召开，主题是“安全引领，服务港航”，部水运局副局长王明志做主旨讲话，中国航海日组委会办公室副主任李建生、南京市人民政府副秘书长张新年致词。南京市交通局副局长张小琴、台湾省引水人联合办事处主任姚忠义等出席。会上，台湾基隆港、唐山、宁波、长江、烟台等引航机构代表发表演讲 .

● 10月29日，中国引航协会、工人日报、中国水运报联合发出开展第二届优秀引航员及十佳引航员评选的通知，正式启动评选活动。

● 12月13日，长江引航中心获得长江航运管理局颁发的“长江航运文化建设示范单位”荣誉称号。

● 12月22日，《引航文化建设规范体系暨创建“水上国门形象第一人”文化品牌实施方案》通过专家评审。交通运输部政策法规司副司长柯林春、助理巡视员高强华，交通文化专家李春苗，中国交通企业管理协会副秘书长王诗杨等专家参加评审。

2013年

● 1月8日，天津港引航中心南疆站站长高守军、广州港引航站高级引航员卢沙获“全国交通运输行业文明职工标兵”称号。

● 2月14日，大年初五，人民日报记者“新春走基层”报道组走进宁波引航站，采访了节日期间坚守岗位的陈杰站长和一级引航员姚元卫。2月18日，人民日报海外版发表通讯，高度称赞引航员是“船长的船长”。

● 2月27日，中国引航协会第六次理事会专题审议通过了《引航文化建设规范体系暨创建“水上国门形象第一人”文化品牌实施方案》。

● 4月16日，中国引航文化品牌推进会在长江引航中心召开。交通运输部部长政策咨询小组成员朱永光、水运局局长助理黄南、机关党委宣传部部长侯海强、海事局船员处处长李恩洪、交通文化专家李春苗等领导及专家到会，全国引航机构主管文化建设的书记、站长和负责人共81名代表出席会议。会上，通过现场参观，全面推广了长江引航文化建设先进经验，常务副会长彭翠红作了《精心打造“水上国门形象第一人”文化品牌，开创引航文化建设新局面》报告，统一了引航核心价值表述语和行业标识，部署了文化品牌创建工作，落实各单位创建目标。

编后

为贯彻全国引航工作会议精神，精心打造“水上国门形象第一人”文化品牌，中国引航协会理事会决定成立引航文化建设研究会，在专家指导下，依靠自身力量，总结引航文化建设成果，编写引航文化建设规范体系，全面提升、整体推进引航行业文化建设，共同打造中国引航文化品牌。为加强对编写工作的领导，2012 年 5 月，协会成立了引航文化建设规范编写领导小组，组长由协会常务副会长彭翠红担任，副组长盛树东、陈治政、沈祥法、任海平（后由陈磊接任）。下辖三个编写小组，第一小组组长陈治政，成员唐建新、孙梦丹，主要负责引航行业核心价值体系、引航行业标识体系编写工作和总编工作；第二小组组长陈磊，副组长鲍冯军，成员江炜、姚元卫、鲁振涛，主要负责编写引航职工行为规范体系；第三小组组长沈祥法，副组长邵明福，成员王强、朱小浩、王穆，主要负责编写文明引航机构建设标准体系。编写组以《交通企业文化》一书为指导，本着传承与创新、硬件与软件、先进性与可操作性、统一性与灵活性相结合原则，对引航文化建设经验进行总结、提炼、吸纳、整合、升华，完成了引航文化建设规范体系的编写工作。并以此为据，制定了《深化“水上国门形象第一人”文化品牌创建实施方案》。期间，编写组先后向常务理事会和会长办公会汇报编写工作，听取指示，两次在全国引航系统征求意见达100多条，五次召开会议，反复推敲提炼，数易其稿。2012年12月，引航文化建设规范体系和实施方案通过交通运输部文化专家组评审。2013年2月，中国引航协会理事会审议批准引航文化建设规范体系和深化引航文化品牌创建实施方案，这标志着引航文化品牌进入全面建设期。

为全面解读引航文化品牌形成发展过程及品牌战略，宣传贯彻引航文化建设规范体系，在协会常务副会长彭翠红直接领导下，以引航文化建设规范体系暨实施方案为主体内容，由副秘书长陈治政主笔，北京坤艮传媒策划公司精心策划并编辑、制作了《中国引航文化品牌建设手册》，以供各引航机构和引航职工学习参考。

《中国引航文化品牌建设手册》出版了，它是引航文化实践的总结，集体智慧的结晶，是大家共同的成果。在整个编写过程中，得到交通运输部部长政策咨询小组成员朱永光，部政策法规司柯林春副司长、高强华助理巡视员等领导的大力支持和指点，朱永光司长还亲自为手册作序，高强华助理巡视员和彭翠红常务副会长审读了全部书稿，并精心修改，中交企协王诗扬副秘书长等专家对手册编写提供了很好的建议，对此我们表示衷心感谢！全国引航系统全体领导和职工对《中国引航文化品牌建设手册》编写工作给予了热心鼓励和支持，提出了很多建设性意见。大家的鼓励，给了我们方向，大家的支持，给了我们力量。在此我们深表感谢！

另外，我们还要感谢人民交通出版社朱伽林社长和各位领导，是他们的关心支持，使《中国引航文化品牌建设手册》最终得以正式出版。

由于我们水平有限，本《手册》不完善之处在所难免，希望全国引航系统在实践中不断完善和丰富。

中国引航协会引航文化建设研究会

二〇一三年四月